吉林省精品课程开发建设系列教材

西式面点技术

主　编　贾成山　郭晓海
副主编　朱　旭　郭　爽
主　审　李凤荣　吴　强
参　编　张廷艳　田伟强　孟繁宇
刘立军　宋玉玲

中国财富出版社

图书在版编目（CIP）数据

西式面点技术 / 贾成山，郭晓海主编 .—北京：中国财富出版社，2013.8（2016.8 重印）
（吉林省精品课程开发建设系列教材）
ISBN 978-7-5047-4780-8

Ⅰ.①西… Ⅱ.①贾… ②郭… Ⅲ.①西点—制作—中等专业学校—教材
Ⅳ.①TS972.116

中国版本图书馆 CIP 数据核字（2013）第 170819 号

策划编辑 寇俊玲　　责任印制 方朋远
责任编辑 曹保利 彭佳逸　　责任校对 杨小静

出版发行 中国财富出版社
社　　址 北京市丰台区南四环西路 188 号 5 区 20 楼　　邮政编码 100070
电　　话 010-52227568（发行部）　　010-52227588 转 307（总编室）
　　　　 010-68589540（读者服务部）　　010-52227588 转 305（质检部）
网　　址 http://www.cfpress.com.cn
经　　销 新华书店
印　　刷 北京京都六环印刷厂
书　　号 ISBN 978-7-5047-4780-8/TS·0065
开　　本 787mm×1092mm 1/16　　版　　次 2013 年 8 月第 1 版
印　　张 10.75　　印　　次 2016 年 8 月第 2 次印刷
字　　数 255 千字　　定　　价 25.00 元

前　言

为了更好地适应全国职业技术学校烹饪专业的教学要求，深化教学改革，转变广大教师教育教学的理念，根据《教育部关于进一步深化中等职业教育教学改革的若干意见》关于“中等职业教育要深化课程改革，以培养学生的职业能力为导向，加强烹饪示范专业建设和精品课程开发”的精神以及《中等职业教育改革发展行动计划（2011—2013年）》的要求，特编写本书。

《西式面点技术》是中等职业学校烹饪专业的主干课程。本书坚持以能力为本位，重视实践能力培养，突出职业技术教育特色，合理规划学生应具备的能力结构与知识结构，通过理论知识与实训任务一体化的学习，使学生能够自主地解决实训过程中出现的问题，从而满足企业与社会对技能型人才的需求。

本书在编写的过程中，严格贯彻国家有关技术标准的要求，注重职业教育的发展规律和基本特点，以提高学生职业综合素质为重点，以培养学生综合能力为主线，注重基础学习，突出能力本位。在教学目标、教学内容与教学方法等方面的设置中重点突出了“针对性”与“实效性”相结合的特点，使学生学会并掌握企业与社会所需要的最前沿的知识和技能，从而使烹饪专业的新知识、新技术、新工艺、新方法得到落实。

本书共分为八章三十节内容，从西式面点概述，西式面点制作常用的原料及应用，西式面点制作的基本操作手法，蛋糕制作工艺，面包制作工艺，西饼制作工艺，果冻布丁、慕斯制作工艺，西点装饰等方面进行讲解。

本书由吉林省工商技师学院教师贾成山、郭晓海担任主编，朱旭、郭爽担任副主编。张廷艳、田伟强、孟繁宇、刘立军、宋玉玲参与编写，全书由李凤荣、吴强主审定稿。编写中查阅了大量的相关教材及著作，并得到了有关部门和学院领导的大力支持。在此一并表示诚挚的感谢。

本书配有多媒体电子教案。教师可以登录中国财富出版社网站（http：//www.cfpress.com.cn）“下载中心”下载教学资料包，为教师教学提供完整支持。

由于本书编写时间仓促，加之编者水平有限，书中难免会有疏漏和不妥之处，敬请使用本书的师生和读者提出宝贵意见，以便再版时修订完善。

编委会

2013年6月

目 录

第一章　西式面点概述

教学目标与要求

使学生了解西式面点的种类及特点及其在饮食业中的重要地位和作用；同时了解西式面点制作常用的设备与工具。

重　点

掌握西式面点的种类、特点及西式面点制作的设备与工具的使用。

难　点

掌握西式面点制作的设备与工具的使用、维护与保养。

第一节　西式面点的概念及发展概况

一、西式面点的概念

西式面点（西点）英文写作 West Pastry，主要是指来源于欧美国家的点心。它是以面、糖、油脂、鸡蛋和乳品为主要原料，辅以鲜果和调味料，经过调制、成型、烘焙、装饰等工艺过程而制成的具有一定色、香、味、形的营养食品。通过烘焙，西点制品不仅带有金黄的色泽和诱人的香气，而且携带和使用方便，冷食、热食两相宜，既可作主食，又可作副食、茶点。

二、西式面点的发展概况

西点是西方饮食文化中一颗璀璨明珠，它同东方烹饪一样，在全球享有很高的声誉。欧洲是西点的主要发源地，西点制作在英国、法国、西班牙、德国、意大利、奥地利、俄罗斯等国家已有相当长的历史，并在发展中取得了显著的成就。

据史料记载，古埃及、希腊和罗马人是最早制作面包和蛋糕的。

公元前 400 年，罗马成立了专门的烘焙协会。罗马人改进了面包的制作方法，发明了圆厚壁长柄木勺炉，这个名称来自烘制面包时用于推动面包的长柄铲形木勺。他们还发展了水推磨和最早的面粉搅拌机，用马和驴推动其运转。罗马人重视面包，曾经将面包用来作为福利计划的一部分。此后面包师对面包的制作工具和方法进行了改进，加配牛奶、奶酪等辅料，大大改善了面包的风味，奠定了面包加工技术的基础，从而使面包逐渐风行欧洲大陆。

15世纪，西餐文化借助文艺复兴的春风迅速发展起来，遍及整个欧洲。首先是餐刀、餐叉、汤匙一系列餐具逐渐由厨房工具演变出来，成为进餐工具；其次是原始菜谱的出现；最后文雅而复杂的用餐礼仪也渐渐形成和完善起来。初具现代风格的西式糕点也在此时出现，糕点制作不仅革新了早期方法，而且品种不断增加。烘焙业已成为相当独立的行业，进入了一个新的繁荣时期。此时现代西点中两类最主要的点心，派和起酥相继出现。

17世纪，荷兰人列文虎克发现并生产出酵母菌，人们才真正开始认识酵母菌并将酵母菌加入面团制作面包。

18世纪，磨面技术的改进为面包和其他西点的制作提供了质量更好、种类更多的面粉，这些也为西式点心的生产创造了有利条件。

19世纪，在西方政体改革、近代自然科学和工业革命的影响下，烘焙业发展到一个崭新阶段。1870年压榨酵母和生酵母生产工业化，使面包等西点的机械化生产得到了根本性的发展。

20世纪初，面包工业开始运用谷物化学技术和科学实验成果，使面包的质量和生产技术水平有了很大的提高。同时大面包厂开始发展为较大的面包公司，向周边数百千米范围内的超级市场供应面包产品。其他各种西点品种也层出不穷。

现在，西点早已从作坊式生产步入现代化的生产，并逐渐形成一个完整和成熟的体系。当前，烘焙业在欧美十分发达，西点制作不仅是烹饪的组成部分，而且是独立于西餐烹调之外的一种庞大的食品加工行业，成为西方食品工业的支柱之一。

第二节　西式面点的种类及特点

一、西式面点的分类

传统西点主要包括面包（Bread）、蛋糕（Cake）和点心（Pastry）三大类。但因国家和民族的差异，其制作方法千变万化，即使是同样一个品种，在不同的国家也会有不同的加工方法。因此，要全面了解西点的品种及概况，必须首先了解西点的分类情况。

西点的分类，目前尚未有统一的标准，但在行业中常见的分类方法有以下几种。

（一）按西点温度分类

按温度划分，西点可分为冷点、常温西点和热点。

（二）按西点口味分类

按口味划分，西点可分为甜点和咸点。西方人将糖果点心统称为 Sweets，即甜食。西点多数是甜点，而咸点较少。带咸味的西点主要有咸面包、三明治、汉堡包、咸酥馅饼等。甜点的种类较多，最基本的种类有蛋糕、饼干、派与挞、起酥点心、布丁、冷冻甜点和水果等。

（三）按西点用途分类

按用途划分，西点可分为主食、餐后甜点、茶点和节日喜庆糕点等。

（四）按加工工艺及坯料性质分类

按加工工艺及坯料性质划分，西点可分为面包类、蛋糕类、油酥类、起酥类、饼干类、泡芙类、布丁类、冷冻甜点类、巧克力类等。这种分类方法较普遍地应用于西点制作行业和教学中。

1. 面包类（Bread）

面包是一种发酵的烘焙食品，它以面粉、酵母、盐和水为基本原料，添加适量糖、油脂、乳品、鸡蛋、果料、添加剂等，经搅拌、发酵、成型、醒发、烘焙而制成的组织松软、富有弹性的西点制品。面包按柔软程度可分为硬式面包和软式面包；按用途可分为主食面包和点心面包；按成型方法可分为普通面包和花式面包；按面包内外质地可分为软质面包、硬质面包、脆皮面包和松质面包。

软质型面包具有组织松软、富有弹性、体积膨大、口感柔软等特点。所用原料除面粉、食盐、酵母外，有的还添加了鸡蛋、乳粉、白糖、油脂等成分，其面团含水量比脆皮型稍多些。软质型的主食面包品种有牛奶吐司面包、三明治面包、甜面包等。

硬质型面包的特点是组织紧密、有弹性、经久耐嚼。面包的含水量较低，保质期较长，如菲律宾面包和杉木面包等。

脆皮型面包具有表皮脆而易折断、内里较松软的特征。原料配方较简单，只含有面粉、食盐、酵母和水。在其烘烤过程中，需要向烤箱中喷蒸汽，使烤箱内保持一定湿度，有利于面包体积膨胀爆裂并使表面呈现光泽，以达到皮脆质软的要求。脆皮型面包有法式长棍面包、罗宋面包等。

松质面包是在发酵面团里包入奶油，经过反复压片、折叠，利用油脂的润滑性和隔离性使面团产生清晰的层次，然后制成各种形状，经醒发、烘烤而制成的口感特别酥松、层次分明、入口即化、奶香浓郁的特色面包。

2. 蛋糕类（Cake）

蛋糕是以鸡蛋、糖、油脂、面粉为主料，配以水果、奶酪、巧克力、果仁等辅料，经一系列加工而制成的具有浓郁蛋香、质地松软或酥散的西点制品。蛋糕与其他西点的主要区别在于蛋的用量多，糖和油脂的用量也较多。制作中，原、辅料混合的最终形式不是面团而是含水较多的浆料（亦称面糊、蛋糊）。再把浆料装入一定形状的模具或烤盘中，烘焙形成蛋糕。蛋糕有两种基本类型，即海绵蛋糕和油脂蛋糕，它们是各类蛋糕制作和品种变化的基础，如水果蛋糕、果仁蛋糕、巧克力蛋糕、装饰大蛋糕和花色小蛋糕等。

3. 油酥类（Short Pastry）

油酥类点心是以面粉、奶油、糖等为主要原料（有的需添加适量疏松剂），调制成面团，经擀制、成型、成熟、装饰等工艺而制成的一类酥松而无层次的点心。国内称之为混酥或松酥。油酥点心的主要类型是派（或排）、挞等。派（Pie）俗称馅饼，有单皮派和双皮派之分。挞（Tart）是欧洲人对派的称呼。比较两个名称的用途，可以发现派的称呼多用于双皮派，并且是切成块状的。挞的称呼多用于单皮的馅饼，或者比较薄的、双皮圆派，或者整只小圆形及其他各种形状（椭圆形、船形、带圆角的长方形等）的派。

4. 起酥类（Puff Pastry）

起酥类点心又称帕夫点心，在国内称着清酥或麦酥，与油酥类点心是传统西式点心的主要两类。起酥点心具有独特的酥层结构，通过用水调面团包裹油脂，经反复擀制折叠，形成了一层面与一层油交替排列的多层结构，成品体轻、分层、酥松而爽口。

5. 饼干类（Biscuit）

饼干类点心通常体积、重量都较小，食用时以一口一个为宜，适用于酒会、茶点或餐后食用。饼干的类型主要有蛋白类饼干、甜酥类饼干、面糊类饼干等。

6. 泡芙类（Puff）

泡芙又叫空心饼，是将奶油、水或牛奶煮沸后，烫制面粉，搅入鸡蛋，先制成面糊，再通过挤注成型、烘焙或油炸而成的空心酥脆点心，内部夹入馅心后即可食用。

7. 布丁类（Pudding）

布丁是以淀粉、油脂、糖、牛奶和鸡蛋为主要原料，搅拌成糊状，经过水煮、蒸或烤等不同方法制成的甜点。

8. 冷冻甜点类（Frozen Dessert）

冷冻甜点是通过冷冻成型的甜点总称。它的种类繁多，口味独特，造型各异，主要的类型有果冻（Fruit Jelly）、慕斯（Mousse）、冰激凌（Ice Cream）等。

9. 巧克力类（Chocolate）

巧克力类是指直接使用巧克力或以巧克力为主要原料，配上奶油、果仁、酒类等调制出来的产品。巧克力类制品有巧克力装饰品、加馅制品、模型制品。巧克力制品主要用于礼品点心、节日点心、平时茶点和糕饼装饰。巧克力生产需要一个独立的房间和空调装置，室温要求不超过21℃。

10. 艺术装饰造型类

凡是经特殊加工，其制品造型完美，具有食用和欣赏双重价值的制品称为艺术装饰造型类制品。如精制的巧克力、面包篮、庆典蛋糕、糖花制品等。这类制品品种丰富，工艺性强，要求色泽搭配合理，造型精美。

二、西式面点的特点

西点以其用料讲究、造型艺术、品种丰富等特点，在西餐饮食中起着举足轻重的作用。

（一）用料讲究，营养丰富

西点多以乳品、蛋品、糖类、油脂、面粉、干鲜果品等为主要原料，其中蛋、糖、油脂的比例较大，配料中干鲜水果、果仁、巧克力等用量大。西点用料十分讲究，特别是在现代西点制作中，不同品种其面坯、馅心、装饰、点缀等用料都有各自的选料标准，各种原料之间都有着恰当的比例，而且大多数原料要求称量准确。

（二）工艺性强，成品美观、精巧

西点制作多依赖于设备和器具，工艺严格，成品规则、标准，容易实现生产的机械化、自动化和批量化以及生产场地和制品的清洁卫生。西点的成熟以烘焙为主要方式，讲究造型、装饰的美感。

（三）口味清香，甜咸酥松

西点区别于中点最突出的特征是它使用的油脂主要是奶油，乳品和巧克力使用得也很多。西点带有浓郁的奶香味以及巧克力特殊的风味。水果（包括鲜果和干果）与果仁在制品中的大量应用是西点的另一重要特色。水果在装饰上的拼摆和点缀，给人以清新而鲜美的感觉；由于水果与奶油搭配，清淡与浓重相得益彰，吃起来油而不腻，甜中带酸，别有风味。果仁烤制后香脆可口，在外观与风味上也为西点增色不少。

第三节 西式面点制作常用的设备与工具

焙烤食品所用的设备和工具是制作产品的重要条件，了解常用设备和工具的使用性能，对于掌握焙烤食品生产的基本技能、生产技巧，提高产品质量和劳动生产率都有着重要的意义。制作焙烤食品的机电设备很多，即便是同一类设备，由于厂家和生产时间不同，在外观、构造和工艺性能上也是不一样的。

一、西式面点制作的常用设备

（一）工作台

工作台是指制作西点的操作台。常见的有大理石工作台、不锈钢工作台、木质工作台和冷冻（藏）工作台等。大理石工作台的台面为大理石板，具有表面光滑、平整，易于滑动、消毒的特点，是糖沾工艺的必备设备。不锈钢工作台的台面由不锈钢板包木板制成，表面光滑平整，易于清洗，可代替大理石工作台使用，也常用作备用工作台。木质工作台以枣木、枫木、松木、柏木等硬质木料制品为佳，厚度为 4～5 厘米，板面要求光洁、平整、无缝隙，便于操作及清洁。木质工作台多用于西点的整形操作。冷冻（藏）工作台（如图 1－1 所示），操作台面为不锈钢面板，台面下设冷冻（藏）柜，可方便生产操作过程中需冷冻（藏）的西点半成品和成品的制作。

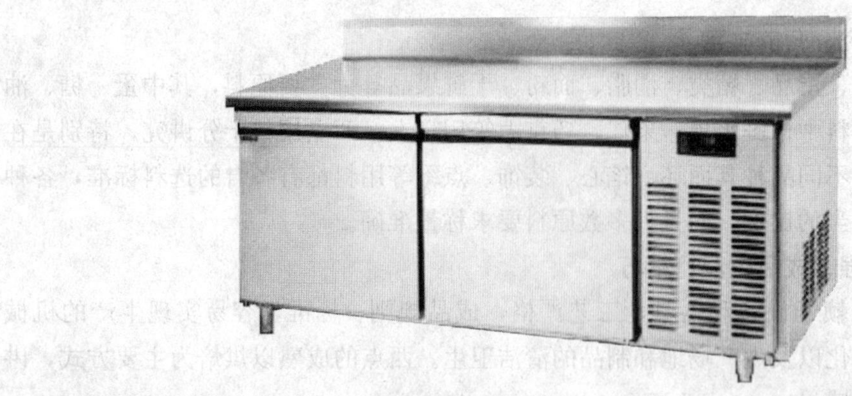

图 1-1　冷冻（藏）工作台

（二）洗涤槽

洗涤槽由不锈钢材料制成或砖砌瓷砖贴面而成，主要用于清洗原料、洗涤用具等（如图 1-2 所示）。

图 1-2　不锈钢洗涤槽

（三）冷藏（冻）箱和冷藏（冻）柜

冷藏（冻）箱和冷藏（冻）柜统称冰箱，由压缩机、冷凝器、电子控温组件及箱体等构成，主要用于对面点原料、半成品或成品进行冷藏保鲜或冷冻加工（如图 1-3 所示）。冷藏室温度一般控制在 0℃～10℃，冷冻室温度－18℃以下。使用时应根据冷藏、冷冻物品的性质、存放时间的长短、天然气候条件等因素加以调节。

（四）展示柜

展示柜主要用于成品的展示、保鲜和保质，有常温展示柜、冷藏展示柜和冷冻展示柜这几种类型，分别用于不同性质的产品展示（如图 1-4 所示）。

图 1-3　冷藏柜

图 1-4　展示柜

（五）烤盘车（烤盘架）

烤盘车主要用于烘焙完成后产品的冷却和烤盘的放置（如图 1-5 所示）。

（六）和面机

和面机又称调粉机，有卧式和立式两大类型。和面机搅拌桨旋转工作，将面粉、水、油脂、糖等原料经搅拌混合形成胶体状态的团粒；再经搅拌桨的挤压、揉捏作用，进一步使团粒互相黏结在一起形成面团。在搅拌作用下，分布在面粉中的蛋白质胶粒吸水膨胀形成面筋，多次搅拌后形成庞大面筋网，面粉中的淀粉、油脂、糖等物质均匀分布在面筋网络中，最终形成面团。

1. 双速立式搅拌机

双速立式搅拌机主要由搅拌缸、搅拌桨、传动装置、电器盒、机座等部分组成（如图

图 1-5　烤盘车

1-6 所示）。搅拌桨有快、慢两档，恒速转动的搅拌缸有倒、顺两个转向。开始操作时，搅拌桨慢转，搅拌缸顺转，利于干性面粉水化。待面粉水化后，搅拌桨快转，搅拌缸倒转，可缩短搅拌时间。该机有手动、自动两套控制，适用于高韧性面团的调制和面包面团的搅拌。

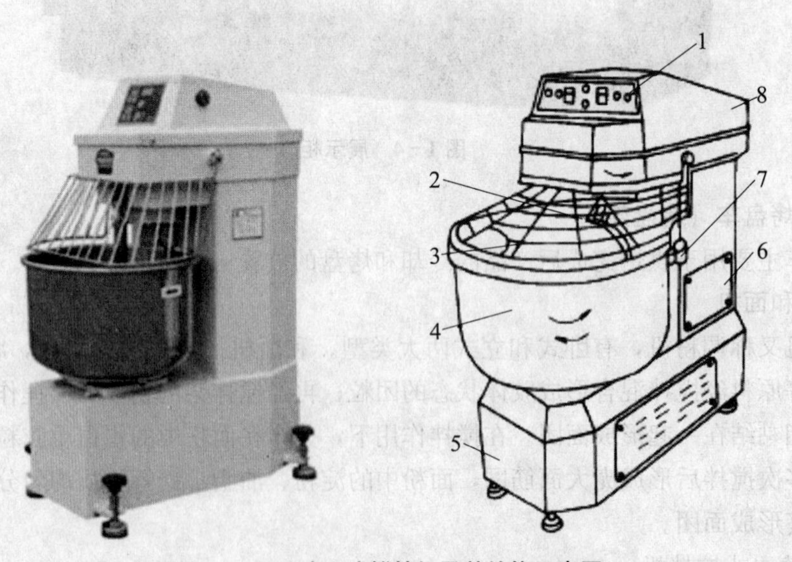

图 1-6　双速立式搅拌机及其结构示意图

1—控制面板；2—搅拌桨；3—安全罩；4—搅拌缸；5—壳体；6—电器盒；7—靠缸器；8—上盖

2. 卧式和面机

卧式和面机由搅拌桨、搅拌容器、传动装置、机架和容器翻转机构等组成（如图 1－7 所示）。卧式和面机对面团的拉伸作用较小，一般适用于酥性面团的调制。

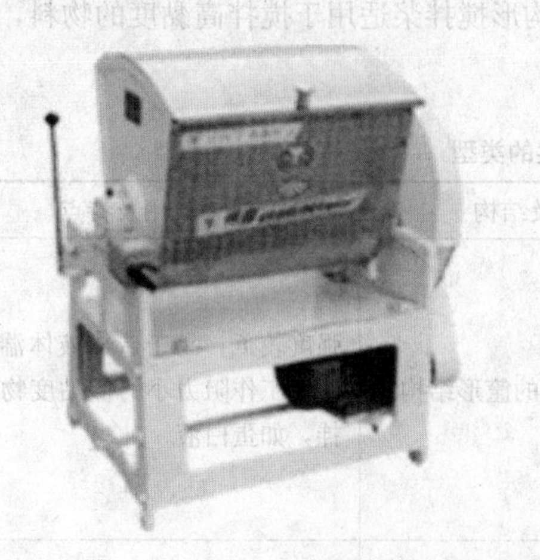

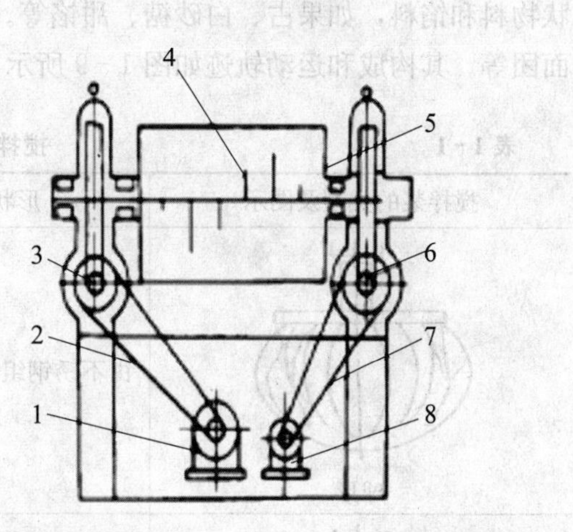

图 1－7　卧式和面机及其结构示意图

1 、8—电动机；2、7—V 带；3、6—蜗杆；4—桨叶；5—容器

3. 多功能搅拌机

多功能搅拌机又称打蛋机，是一种转速很高的搅拌机（如图 1－8 所示）。搅拌机操作时，通过搅拌桨的高速旋转，强制搅打，使被调和的物料间充分接触并剧烈摩擦，从而实现对物料的混合、乳化、充气等作用。一般使用的多功能搅拌机为立式，由搅拌器、容器、传动装置、容器升降器等部分组成。多功能搅拌机大多是 2～4 级变速，在搅拌过程中根据工艺需要可以随时更换转速。

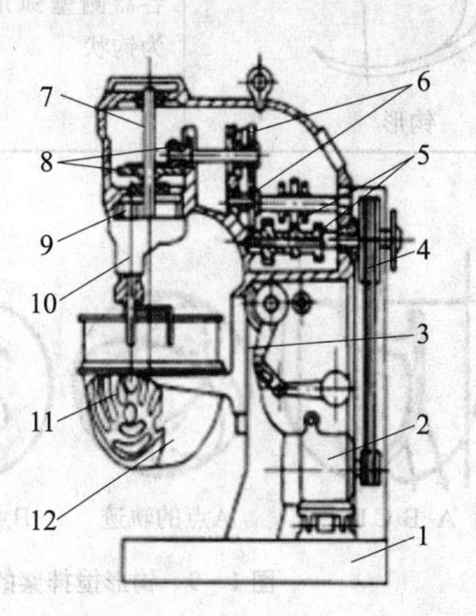

图 1－8　多功能搅拌机及其结构示意图

1—机座；2—电动机；3—容器升降器；4—带轮；5—齿轮变速器；6—斜齿轮；7—主轴；8—锥齿轮；9—行星齿轮；10—搅拌头；11—搅拌桨叶；12—搅拌容器

使用不同的搅拌桨，搅拌机的适应性不同。常见的搅拌桨有球形（鼓形）、扇形、钩形等（如表 1－1 所示）。球形搅拌桨主要用于搅拌蛋液、蛋糕糊等黏度较低的物料。高速旋转时，球形网起到弹性搅拌作用，使空气混入蛋液，膨胀起泡。扇形搅拌桨适于搅拌膏状物料和馅料，如果占、白砂糖、甜馅等。钩形搅拌桨适用于搅拌高黏度的物料，如筋性面团等。其构成和运动轨迹如图 1－9 所示。

表 1－1　　　　搅拌桨的类型

搅拌桨的类型及图示	形状及结构	作用及特点
球形	由不锈钢组成的筐形结构	强度较低，易于造成液体湍动，适用于工作阻力小的低黏度物料的搅拌，如蛋白液
扇形	为整体锻造成的球拍形，桨叶外缘与容器内壁形状一致	具有一定强度，作用面积大，可增强剪切作用，适合于中等黏度物料的调制，如糖浆、饴糖等
钩形	为整体锻造，一侧形状与容器侧壁弧形相同，顶端为钩状	强度高，主要用于高黏度物料的调制，如筋性面团

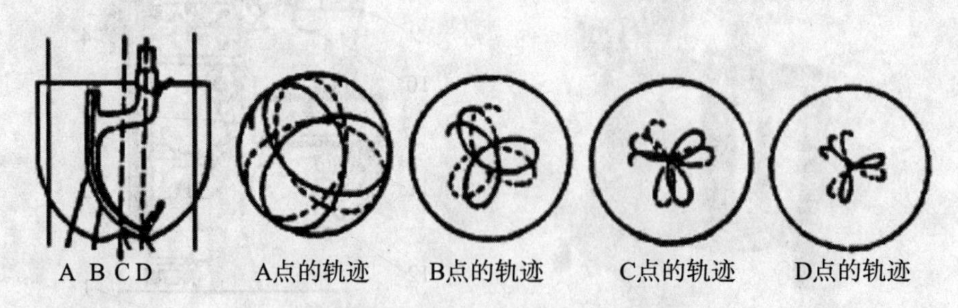

图 1－9　钩形搅拌桨的构成及运动轨迹示意图

桨又分为两种，一种是桨叶多而细的，适于搅打蛋液、蛋糕糊、蛋白膏；另一种是桨叶少而粗的，适于搅打奶油膏。

4. 台式小型搅拌机

台式小型搅拌机适用于搅拌鲜奶油等膏料和量较少的浆料、面糊等（如图 1－10 所示）。

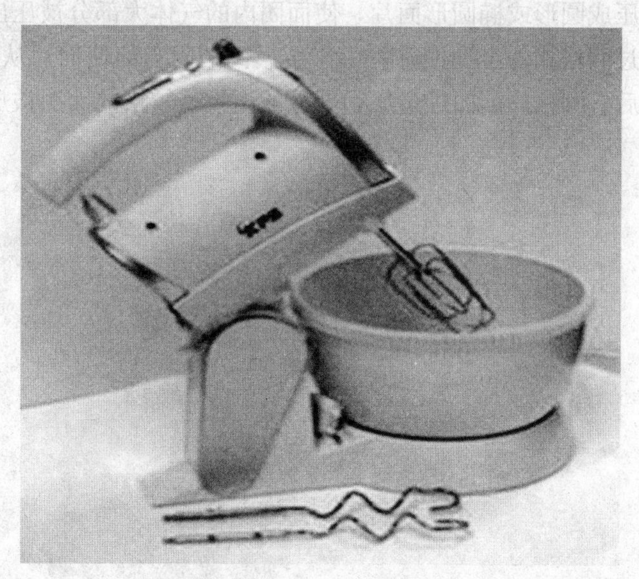

图 1－10　台式小型搅拌机

（七）起酥机

起酥机（Dough Rolling Machine）用于面坯起酥，能使面皮酥层均匀，用于制作起酥面包、清酥类产品的面皮起酥。操作时，将换向手柄置于中间位置，接通电源，把面坯放在一端输送带上，然后将换向手柄上下交置，交替改换轧辊的转向，使面坯在两辊之间左右往返被轧薄，成为所需的薄片。

起酥机有落地型和桌上型两种，如图 1－11 所示。

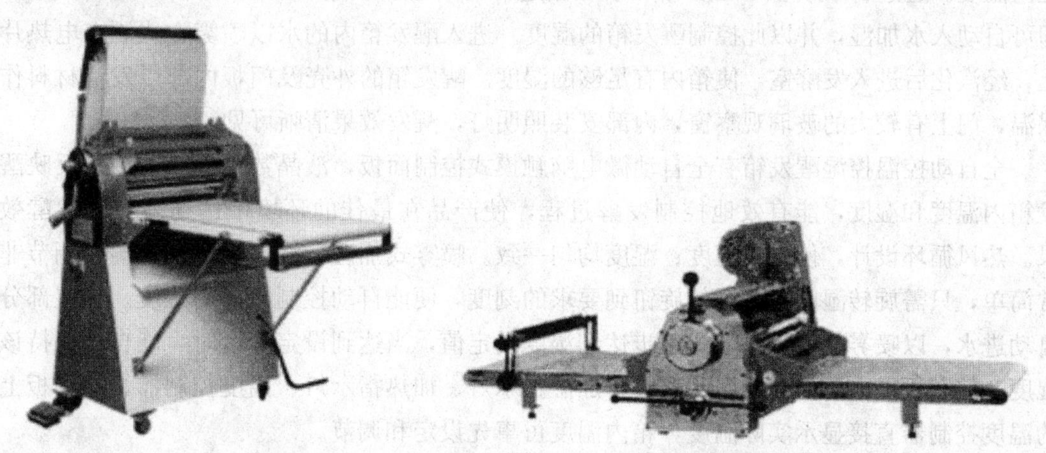

图 1－11　落地型起酥机（左）和桌上型起酥机（右）

（八）面包整形机

面包整形机（Bread Shaping Machine）主要用于面包整形，维持面包坯的一定形状（如图 1－12 所示）。整形机分压片、卷包、压紧三部分。压片部分有 2～3 对压辊，经中间醒发后的面团被压成圆形或椭圆形面片，使面团内的气体大部分被压出，内部组织比较均匀。然后面片经过网格式的金属网筛，由于金属网的阻力而使面片从边缘处开始卷起，被卷成圆柱形。最后，圆柱体面团经过压紧部分的压板，较松的面团被压紧，同时面团的接缝也被黏合好。

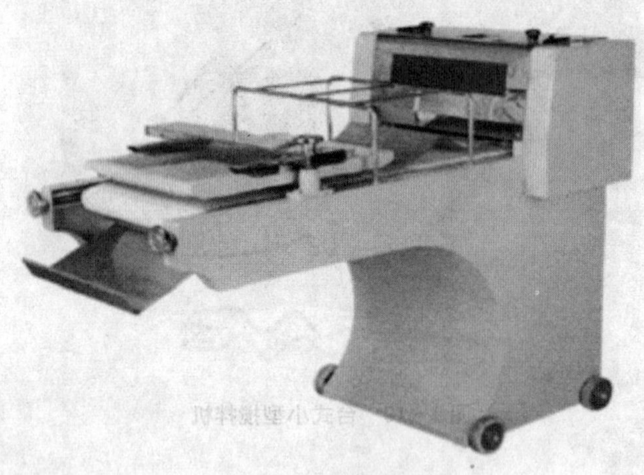

图 1－12　面包整形机

（九）醒发箱

醒发箱亦称发酵箱，是面包基本发酵和最后醒发使用的设备，能调节和控制温度和湿度，操作简便（如图 1－13 所示）。醒发箱可分为普通电热醒发箱、全自动控温控湿醒发箱、冷冻醒发箱等。普通电热醒发箱采用电热管加热，强制循环对流，旋钮式温控器控制柜内温度。通过自来水管与醒发箱入水口相连，调节器调节进水间隔时间和每次进水量，即可自动入水加湿，并以此控制醒发箱的湿度。进入醒发箱内的水以喷雾方式洒在电热片上，经汽化后进入发酵室，使箱内有足够的湿度。醒发箱的外壳及门板内部以发泡材料作保温，门上有较大的玻璃观察窗，内部安装照明灯，醒发效果清晰可见。

全自动控温控湿醒发箱有全自动微电脑触摸式控制面板，液晶数字显示器精确反映醒发箱内温度和湿度，能有效地控制发酵过程，使产品在最佳的环境中达到最佳的发酵效果。热风循环设计，使内部温度、湿度均匀一致。喷雾式加湿，湿度提升快，湿度调节非常简单，只需旋转湿度控制器的旋钮到要求的刻度，便能自动控制箱内的湿度。加湿部分自动进水，以喷雾加热汽化方式逐步达到湿度设定值，当达到设定湿度时，能自动保持该湿度。控制板上电源开关、照明开关、加湿指示灯、加热指示灯、温度控制器，控制板上的温度控制器直接显示实际温度，箱内温度可事先设定和调节。

冷冻醒发箱除具有全自动发酵的全部功能外，还具有定时制冷的功能。比如希望第二天一早就能产出新鲜的面包，但不想太早起床的话，可以在当晚把整形好的面包坯放进醒

图 1-13 醒发箱

发箱内，设定好冷藏温度、时间以及醒发温度，这样第二天一早就可以取出面包坯进行烘烤了。另外，冷冻醒发箱可单独用作醒发箱或冷藏柜。

（十）烤炉

烤炉按使用热源可分为煤炉、煤气炉和电炉等；按结构形式可分为箱式炉和隧道炉。箱式炉外形如箱体，按食品在炉内的运动形式可分为烤盘固定式箱式炉、风车炉和旋转炉等。

烤盘固定式箱式炉炉膛内安装有若干支架，用以支撑烤盘，电热组件与烤盘相间布置。在烘焙过程中，烤盘内的食品与电热组件间没有相对运动。烤盘固定式箱式炉的特点是：体积小，使用灵活，烘焙范围大，但其内部温度、湿度分布不太均匀，会影响烘焙质量。隔层式烤炉则是将各层烤室隔开，彼此独立，每层烤炉的底火与面火分别控制，可实现多种制品同时进行烘焙，如图 1-14 所示。

箱式烤炉又分电热式烤炉和燃气式烤炉两种。箱式电烤炉亦称远红外电烤箱，炉的内、外壁采用硬质铝合金钢板，保温层采用硅石填充，以远红外涂层电热管为加热组件，上下各层按不同功率排布，并装有炉内热风强制循环装置，使炉膛内各处温度基本均匀一致。炉门上装有耐热玻璃观察窗，可直接观察炉内烘烤情况。控制部分有手控、自动控温、超温报警、定时报时、电热管短路的显示装置。远红外加热是利用由油、糖、蛋、面、水等物质构成的面点制品易于吸收红外线的特点，通过涂有远红外材料的加热组件，将一般的电能转变为远红外辐射能，直接照射到食品表面上，使温度迅速上升，水分蒸发，达到快速烘烤成熟的目的。箱式燃气式烤炉炉体外形与层式远红外烤箱类似，有单层或多层，每层可放两个烤盘。每层上下火均有燃气装置，通过控制部分自动点火、控温、

图 1-14　隔层式烤炉

控时。利用煤气燃烧发热，升高烤炉温度，使制品成熟。

（十一）面包切片机

面包切片机，主要用于方形面包的均匀切片（如图 1-15 所示）。它由进料斗、锯齿刀片、导轮、刀片驱动轮、传动系统机架等组成。在上下两个刀片驱动轮上，均匀间隔交叉围绕着若干带式刀片，每个刀片被两对导轮夹持着。将刀片扭转 90°，使所有刀刃朝进口方向，一圈环形刀片构成两条刀刃，在滚轮的带动下，做快速直线运动。随着运动的方向，一条刀刃向上，另一条刀刃向下，故在切片时给予面包的摩擦力上下相互抵消，不影响面包在切片时的稳步行进。当面包由进料斗横向进入后，即可一次切成若干片。切片的厚度可以通过左右移动导轮的相互位置来调节。

（十二）常用设备的养护

（1）设备使用前要了解设备的机械性能、工作原理和操作规程，严格按规程操作。一般情况下都要进行试机，检查运转是否正常。

（2）机械设备不能超负荷地使用，应尽量避免长时间不停地运转。

（3）有变速箱的设备应及时补充润滑油，保持一定的油量，以减轻摩擦，避免齿轮磨损。

（4）设备运转过程中不可强行搬动变速手柄，改变转速，否则会损坏变速装置传动部件。

（5）要定期对主要部件、易损部件和电动机传动装置进行维修检查。

（6）经常保持机械设备清洁，对机械外部的清洁可用弱碱性温水进行擦洗，清洗时要断开电源和防止电动机受潮。

（7）设备运转过程中发现或听到异常声音时应立即停机检查，排除故障后再继续

图 1－15　面包切片机

操作。

(8) 设备上不要乱放杂物，以免异物掉入机械内损坏设备。

二、西式面点制作常用工具

(一) 量具

量具是用于西点固、液体原辅料及成品重量的量取，原料、面团温度、糖度的测量以及整形产品大小的衡量等。西点中常用量具，主要有以下几种。

1. 台秤

台秤又称盘秤，属弹簧秤，使用前应先归零。根据其最大称量量，有 1 千克、2 千克、4 千克、8 千克等之分，最小刻度分量为 5 克。台秤主要用于西点原辅料和西点成品分量的称量。见图 1－16 (a)。

2. 天平秤

天平秤主要用于西点配料中的一些微量添加剂的称量，如泡打粉、改良剂、塔塔粉等。天平秤的最小刻度为 1 克，容易做到精确称量。

3. 电子秤

电子秤是装有电子装置，利用重量传感器将物体重力转换成电压或电流的模拟信号，经放大和滤波处理后，转换成数字信号，再由中央处理器运算处理，最后由显示屏以数字方式显示得出物体质量的计量仪器。电子秤通过数字显示，可直接读出被称量物品重量，操作简便，称量精确程度高，误差小。见图 1－16 (b)。

4. 量杯

量杯主要用于液体的量取，如水、油等，量取方便、快捷、准确。其材质有玻璃、铝制、塑胶制等。见图 1－16 (c)。

5. 量匙

量匙专用于少量材料的称取，特别是干性材料。量匙通常由 4 个大小不同的组合成套，分大量匙、茶匙（小量匙）、1/2 茶匙及 1/4 茶匙，1 大量匙等于 3 茶匙。见图 1－16（d）。

6. 温度计

温度计可分水银温度计、酒精温度计和电子温度计等。水银温度计和酒精温度计通常用于液体温度的测量；电子温度计带有感应测试头，可以测量液体、室温以及面团、面糊等物料温度，见图 1－16（e）。

7. 糖度计

手持屈光糖度计是一种专门测量糖溶液浓度和含糖量的精密光学仪器，基于含糖溶液的折光率比例浓度的原理设计而成的，可以用来直接测定含糖溶液的含糖量。手持式糖度计，体积小，重量轻，使用过程简捷而迅速。使用时掀开采光板，用柔软的布或擦镜纸仔细地把测试窗表面擦拭干净，注意不要划伤镜面；取试液数滴放在测试窗的镜面上，盖上采光板使试液遍布镜面，将测试窗对向光源或明亮处，转动聚焦柄使刻度清晰，观察亮暗分界线所对准的刻度即为测量值；测量结束后用擦镜纸擦拭测试窗。见图 1－16（f）。

8. 量尺

通常用来衡量产品整形的大小，并可用于产品制作的直线切割。

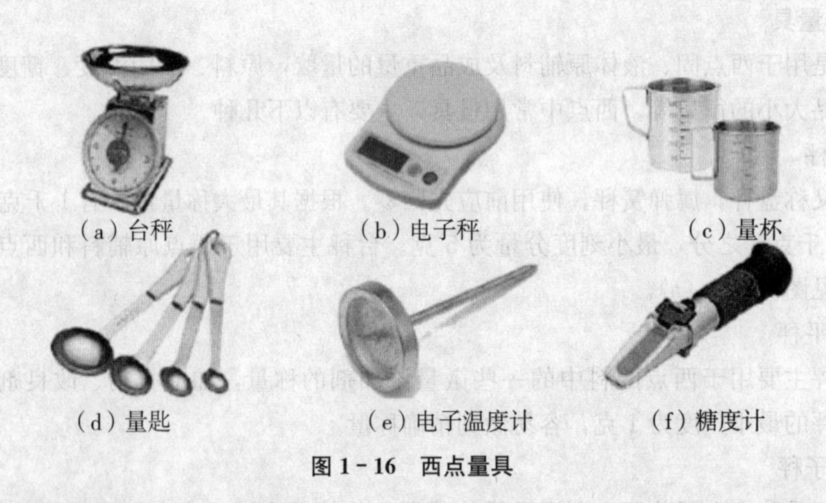

（a）台秤　（b）电子秤　（c）量杯

（d）量匙　（e）电子温度计　（f）糖度计

图 1－16　西点量具

（二）辅助用具

西点辅助用具是用于原料处理、面团（面糊）调制、面皮擀制、馅料搅拌、上馅、涂油等操作的用具。常用的西点制作辅助用具有以下几种。

1. 筛子

筛子又称粉筛、面筛、筛网，主要用于干性原料的过滤，去除粉料中的杂质，使粉料蓬松，并且使原料粗细均匀。根据材质可分为尼龙筛、不锈钢筛、铜筛等；根据筛网孔眼大小有粗筛、细筛之分。见图 1－17（a）。

2. 擀面棍

擀面棍主要用于擀制面团，材料有木质和塑胶两种。见图 1－17（b）。

3. 通心槌

通心槌又称走槌、滚筒，由中心通孔的圆柱形滚筒和轴组成。使用时将轴插入通孔内，两手握住轴的两端，根据工艺需要向前、后、左、右任意方向推压。通心槌主要用于擀制大量、大型的面皮。见图 1－17（b）。

4. 打蛋器

打蛋器又称打蛋帚、打蛋甩、打蛋刷，由铜或不锈钢制成，呈长网球形，大小规格均有，主要用于搅拌（搅打）蛋液、奶油、黏稠液体、面糊等。见图 1－17（c）。

5. 木勺

木勺又称木榴板、搅拌勺，前端宽扁或凿成勺形，柄较长，以木质材料制成，也有用耐高温塑料制成的，有大小之分，可用来混合或搅拌（非搅打）物料。见图 1－17（d）。

6. 刷子

刷子有羊毛刷、棕刷、尼龙刷等。羊毛刷的刷毛较软，多用于制品刷蛋液、刷油；棕刷、尼龙刷的刷毛较硬，适用于刷烤盘、模具等，见图 1－17（e）。

7. 刮匙

刮匙为长条形圆头不锈钢片，用于包馅料，又称包馅匙。

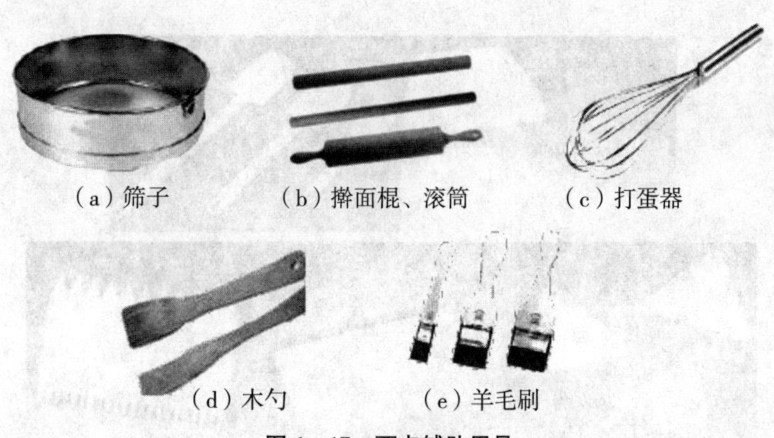

（a）筛子　（b）擀面棍、滚筒　（c）打蛋器

（d）木勺　（e）羊毛刷

图 1－17　西点辅助用具

（三）刀具

1. 西点刀

西点刀由不锈钢制成，长条形，刃长 35～45 厘米，胶柄或木柄，主要用于蛋糕切割以及西点夹馅或表面装饰抹制膏料、酱料。见图 1－18（a）。

2. 锯齿刀

锯齿刀为不锈钢制成的一面带齿的条形刀，主要用于面包、蛋糕等大块西点的切块。

见图 1 - 18（b）。

3. 抹刀

抹刀主要用于蛋糕装饰表面膏料抹平及涂抹馅料等。抹刀为不锈钢制，有各种大小、长短不同的尺寸，较小的抹刀甚至可当作馅匙使用。见图 1 - 18（c）（d）。

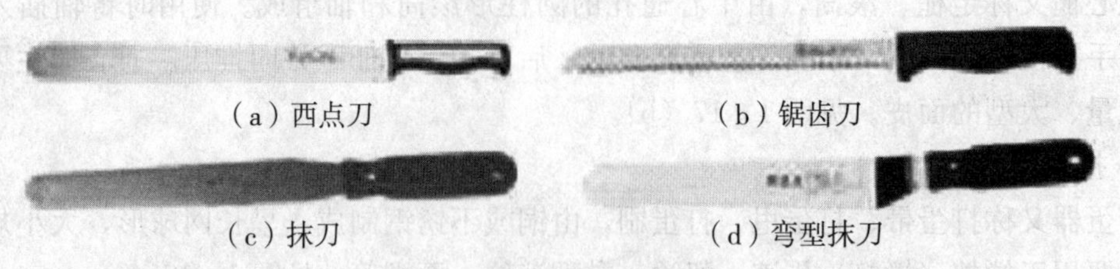

图 1 - 18　西点制作中使用的刀具

4. 刮板

刮板按材质可分为塑胶刮板和金属刮板，无刃，有长方形、梯形、圆弧形等。长方形不锈钢刮板又称切面刀，主要用于分割面坯，协助面团调制，清理台板等；三角形齿刮板，多用于面坯、膏面表面划纹。塑料刮板种类较多，有硬刮板、软刮板、齿刮板等，可用于面团分割、面团辅助调制、膏浆表面抹平、面团（面糊）划齿等。

5. 塑胶刮刀

用于刮净黏附在搅拌缸或打蛋盆中的材料，也可用于材料的搅拌，分大小、平口、长柄、短柄数种（如图 1 - 19 所示）。

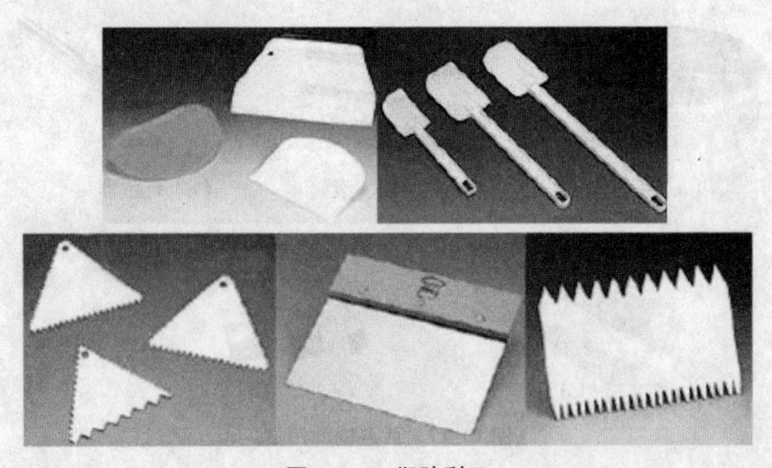

图 1 - 19　塑胶刮刀

6. 轮刀

轮刀主要用于起酥类、混酥类、发酵类面团的切边、切形等，轮刀口有平口、花纹齿口及针状。常见的有派轮刀、波浪轮刀、两用起酥轮刀、两用夹轮刀、拉网轮刀、三角轮刀、针车轮刀等，如图 1 - 20 所示。

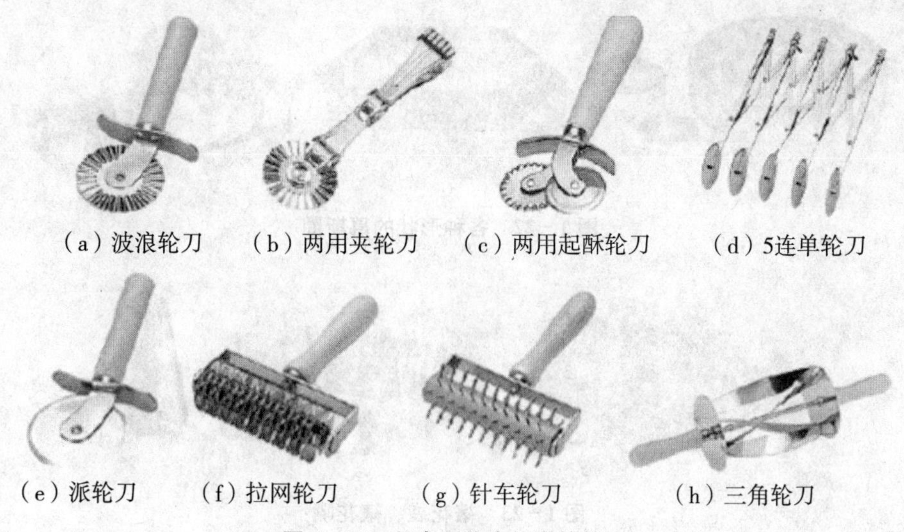

（a）波浪轮刀　（b）两用夹轮刀　（c）两用起酥轮刀　（d）5连单轮刀

（e）派轮刀　（f）拉网轮刀　（g）针车轮刀　（h）三角轮刀

图 1－20　西点制作中使用的轮刀

（四）成型模具

1. 切模

切模又称卡模、刻模、套模、花戳、花极，是用金属材料制成的一种两面镂空、有立体图形的模具，如图 1－21 所示。使用时一手持卡模的上端，在已经擀制成一定厚度的面团上用力按下再提起，使其与整个面片分离，即得一块具有卡模内形状的饼坯。刻模主要用于面片成型加工，以及花色点心、饼干成型等。刻模的规格大小、形状图案繁多，常见的有圆形、椭圆形、三角形、心形、五角星形、梅花形、菱形等。刻模以不锈钢制和铜制为佳。另有塑料制专用于饼干成型的饼干模。

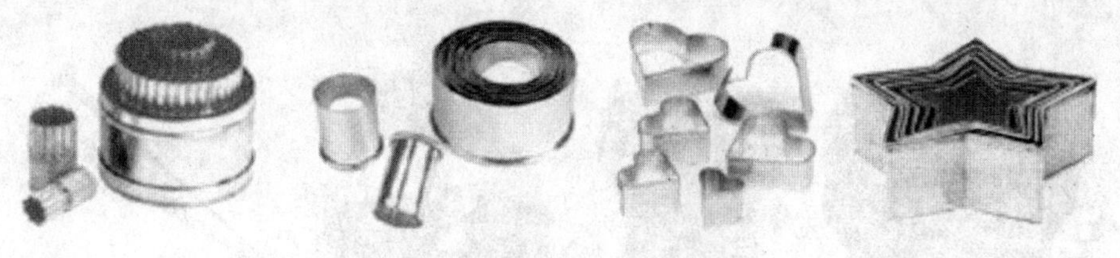

图 1－21　各种形状的切模

2. 慕斯圈

慕斯圈主要用于慕斯及慕斯蛋糕的制作，不锈钢材质，形状多样，常见的有圆形、椭圆形、三角形、四方形、六角形、心形等，有大、中、小各种规格，如图 1－22 所示。

3. 裱花袋、裱花嘴

裱花袋用于盛装各种霜饰材料，裱花嘴用于面糊、霜饰材料的挤注成型，通过裱花嘴的变化可以挤出各种形状（如图 1－23 所示）。裱花袋质地应细密，有良好的防水、油渗透的能力。其材质有帆布、塑胶、尼龙和纸制等，通常呈三角状，故又称三角袋，口袋的三角尖留一小口，用来放置裱花嘴。裱花嘴多为不锈钢制或铜制，圆锥形，锥顶留有大小

图 1-22　各种形状的慕斯圈

图 1-23　裱花袋、裱花嘴

不一的圆形、扁形或齿状小嘴。

4. 菠萝印模

菠萝印模主要用于菠萝面包外表的菠萝皮造型。见图 1-24（a）。

5. 甜甜圈模

甜甜圈模主要用于道纳斯面包及贝果等面包圈的成型。见图 1-24（b）。

6. 木轮根

木轮根用于木纹蛋糕围边的制作。见图 1-24（c）。

7. 螺管

螺管又称羊角圈筒，用于螺仔面包、羊角圈酥的制作。见图 1-24（d）。

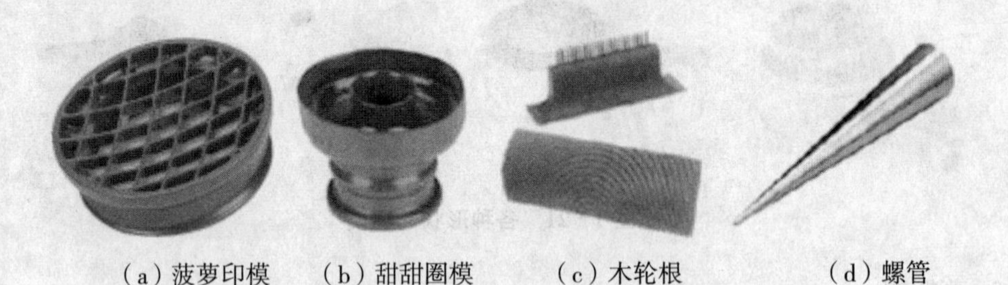

（a）菠萝印模　（b）甜甜圈模　（c）木轮根　（d）螺管

图 1-24　西点制作中使用的成型模具

（五）烘烤模具

1. 烤盘

烤盘是烘烤制品的主要模具，由白铁皮、不锈钢板等材料制成，有高边和低边之分（如图 1-25 所示）。烤盘的大小是由炉膛的规格限定的。

2. 面包模具

面包模具一般是用薄铁皮制成的，有带盖和无盖之分，规格大小不一（如图 1-26 所

图 1-25 烤盘

示）。一般无盖的模具上口 28 厘米长、8 厘米宽，底 25 厘米长、7 厘米宽，总高 7 厘米，为空心梯形模具。主要用于制作主食大面包，还可以作为黄油蛋糕、巧克力蛋糕的模具。有盖的面包模具一般为长方体空心形，尺寸为 28×7×8 厘米。

图 1-26 面包模具

3. 小型点心模具

小型点心模具由薄铁皮制成，一般有船形、椭圆菊花边形、圆形、圆菊花边形等（如图 1-27 所示）。常用来制作油料、果料蛋糕或水果挞，也可用于制作冷冻食品。

（六）常用工具的养护

（1）常用工具不能乱用、乱堆、乱放，工具用过后，应根据不同类型分别定点存放，不可混乱放在一起。如擀面杖、网筛、布口袋与刀剪等利器存放在一起，不小心会使擀面杖受损，网筛、布口袋被扎破。

（2）铁制、钢制工具存放时，应保持干燥清洁，以免生锈。

（3）工具使用后，对附在工具上的油脂、糖膏、蛋糊、奶油等原料，应用热水冲洗和擦干。特别是直接接触熟制品的工具，要经常保持清洁和消毒，生熟食品的工具和用具必须分开保存和使用，否则会造成食品污染。

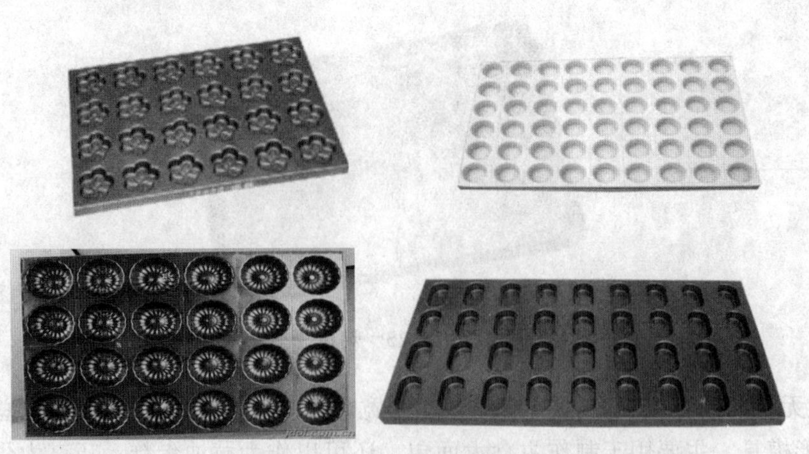

图 1-27　小型点心模具

1. 西式面点的分类有哪些?
2. 西式面点常用的设备有哪些?
3. 西式面点的搅拌工具有哪些?
4. 西式面点的定型工具有哪些?
5. 西式面点的模具有哪些?
6. 西式面点制作中使用的厨具设备的养护要点有哪些?

第二章　西式面点制作常用的原料及应用

教学目标与要求

掌握西式面点制作常用原料的特点与用途。

重　点

掌握西式面点制作常用原料的品质鉴定和保管。

难　点

掌握西式面点制作常用原料的品质鉴定和应用。

第一节　面粉

一、面粉的来源

面粉（Flour）即小麦粉，由小麦磨制而成，是西点制作的基本原料之一。如面包、蛋糕、曲奇等，都是以面粉为主要原料。面粉的性能对西点的加工工艺和品质有着决定性的影响，而面粉的工艺性质往往是由小麦的种类、性质和制粉工艺决定的。

二、面粉的种类

按面粉中蛋白质含量的高低，可以把面粉分为高筋粉（High Gluten Flour）、中筋粉（Middle Gluten Flour）、低筋粉（Low Gluten Flour）。

（一）高筋粉

高筋粉（High Gluten Flour），又称为面包粉（Bread Flour）或高粉（High Protein Flour），颜色较深，较有活性且光滑，手抓不易成团状，比较适合用来做面包以及部分酥皮类起酥点心，比如丹麦酥。在西饼中多用于松饼（千层酥）和奶油空心饼（泡芙）中。在蛋糕方面仅限于水果蛋糕的制作中使用。

（二）中筋粉

中筋粉（Middle Gluten Flour），又称通用粉（General Mills）或中粉（Plain Flour），

颜色乳白，介于高、低粉之间，体质半松散。一般中式点心都会用到，比如包子、馒头、面条等。一般市售的无特别说明的面粉，都可以视作中筋面粉使用。而且这类面粉的包装上面一般都会标明适合用来做包子、饺子、馒头、面条。

（三）低筋粉

低筋粉（Low Gluten Flour），又称为蛋糕粉（Cake Flour）或低粉（Cake and Pastry Flour，也称 Low Protein Flour），颜色较白，用手抓易成团。低筋面粉的蛋白质含量平均在8.5%左右，蛋白质含量低，麸质也较少，因此筋性亦弱，比较适合用来做蛋糕、松糕、饼干以及挞皮等需要蓬松酥脆口感的西点。

三、面粉的主要成分

面粉的化学成分有蛋白质、糖类、脂肪、矿物质、维生素、酶类和水分等。

（一）蛋白质

蛋白质是面粉的重要成分，其含量为7.2%～12.2%。面粉中蛋白质的种类较多，其中最主要的是麦胶蛋白和麦麸蛋白，它们的含量占面粉蛋白质总含量的80%以上，是构成面筋质（俗称面筋）的主要成分。

（二）糖类

面粉中糖类的含量最多，占70%～80%，包括淀粉、纤维素、半纤维素和低分子糖分。其中淀粉占糖类总量的99%以上。淀粉不溶于冷水，但是能与水形成悬浊液遇热膨胀，发生凝胶作用，形成糊状胶原体，这就是淀粉的糊化作用。在蛋糕的制作中，常利用淀粉的糊化作用，制作出不同风味的制品，如烫面蛋糕等。

（三）脂肪

面粉中脂肪的含量为1.3%～1.8%，存在胚芽和糊粉层中，多由不饱和脂肪酸组成，易氧化酸败使面粉或制品变味，一般在制粉过程中除去。

（四）矿物质

矿物质（钙、钠、磷、铁等）以盐类存在，小麦或面粉完全燃烧之后的残留物绝大部分为矿物质盐类，也叫灰分。麦粒中灰分含量为1.5%～2.2%，面粉中灰分很少，灰分大部分在麸皮中，小麦粉以灰分来分级，表示麸皮的除去程度。

（五）维生素

小麦中维生素 B_1、B_2、B_5 较多，还含有少量的维生素E、维生素A，微量的维生素C，但不含有维生素D。所以在制作点心时为了弥补面粉中维生素含量的不足，可添加人工合成维生素强化点心的营养结构。

（六）酶类

1. 淀粉酶

α—和β—淀粉酶，是焙烤食品中重要的酶。β—淀粉酶含量充足，而α—淀粉酶不足，可以使一部分α—淀粉（糊精）和β—淀粉水解转化为麦芽糖，作为酵母发酵的主要能量来源。β—淀粉酶对热的反应不稳定，糖化水解作用在酵母发酵阶段。α—淀粉酶将可溶性淀粉变为糊精，改变淀粉的流变性，它对热较为稳定，在70℃～75℃仍能进行水解作用，温度越高作用越快。α—淀粉酶影响了焙烤中面团的流变性，在烤炉中的作用可明显改善面包的品质。

2. 蛋白酶

面粉中蛋白酶分为两种，一种是能直接作用于天然蛋白质的蛋白酶，另一种是能将蛋白质分解过程中产生的中间生成物多肽类再分解的多肽酶。搅拌发酵过程起主要作用的是蛋白酶，它的水解作用减低面筋强度，缩短和面团的时间，使面筋易于完全扩展。

3. 脂肪酶

脂肪酶对面包、饼干制作的影响不大，但对已调配好的蛋糕粉有影响，因为它可分解面粉里的脂肪使之成为脂肪酸，易引起酸败，缩短储藏时间。

（七）水分

面粉中的水分含量规定为12.5%～14.5%，调制面团时，加水量的多少应根据面粉中的含水量和面筋含量等因素而定。面粉的含水量直接影响面粉的吸水量，故也影响面包的质量。

四、面粉的用途

面粉在西式面点中使用很广泛，面包制作、蛋糕制作、西饼制作都离不开面粉。制作面包时应选用高筋面粉，制作各种蛋糕和酥性饼干时应选用低筋面粉，制作各种西饼如蛋挞等时应选用中筋面粉。不同的西点品种所使用的面粉完全不同，应根据品种的要求，正确的使用面粉，以便制作出品种优良的西点产品。

五、面粉的品质鉴定

（一）面粉干湿程度的鉴别

面粉中的水分含量规定为12.5%～14.5%，这可以通过化验进行鉴定。也可以抓一把面粉使劲一捏，松开手后，面粉随之散开并有滑爽的感觉的是水分含量正常的面粉，反之则是水分含量大的面粉。面粉中的水分超标则容易结块、发霉、不宜保存。

（二）从颜色上鉴别面粉质量的优劣

进行面粉色泽的感官鉴别时，应将样品在黑纸上撒上薄薄一层，然后与适当的标准颜色或标准样品做比较，仔细观察其色泽异同。

优质面粉颜色——色泽呈白色或微黄色，不发暗，无杂质的颜色。

次质面粉颜色——色泽暗淡。

劣质面粉颜色——色泽呈灰白或深黄色，发暗，色泽不均。

（三）从气味和滋味上鉴定面粉质量的好坏

1. 通过气味鉴定面粉质量

进行面粉气味的感官鉴别时，取少量样品置于手掌中，用嘴哈气使之稍热。为了增强气味，也可将样品置于有塞的瓶中，加入60℃热水，塞紧稍等片刻，然后将水倒出嗅其气味。

优质面粉气味——具有面粉的正常气味，无其他异味。

次质面粉气味——微有异味。

劣质面粉气味——有霉臭味、酸味、煤油味以及其他异味。

2. 通过滋味鉴定面粉质量

进行面粉滋味的感官鉴别时，可取少量样品细嚼，遇有可疑情况，应将样品加水煮沸后尝试。

优质面粉口感——味道可口，淡而微甜，没有发酸、刺喉、发苦、发甜的滋味，咀嚼时没有沙声。

次质面粉口感——淡而乏味，微有异味，咀嚼时有沙声。

劣质面粉口感——有苦味、酸味、发甜或其他异味，有刺喉感。

六、面粉的保管

(一) 控制水分

面粉的水分含量应在12.5%～14.53%。在保管过程中应尽量保持密闭，隔绝空气中湿气的影响，并可保持面粉的清洁度。

(二) 合理堆放

应选择具有良好的防湿、防热性能的仓房保管面粉。堆储时要新陈分开，不同品质分开。干燥低温的面粉，应采用实垛密闭保管。新出机的面粉应冷却后再堆垛。堆垛的大小主要因气候和粉质而定。长期保管的，应适时进行倒垛，交换上下位置，防止下层结块。

(三) 严防虫害

因面粉生虫后很难处理，熏蒸后的虫尸仍在粉中，因此要做好隔离防虫工作。必要时可进行预防性熏蒸，除去虫卵。

第二节　糖类

糖（Sugar）是制作西点蛋糕中必不可少的材料之一。糖对西点产品的色、香、味、形均起到重要作用。

一、糖的种类

(一) 白砂糖（White Granulated Sugar）

砂糖根据结晶一般可分为粗砂糖和细砂糖。

粗砂糖：颗粒比较粗，常用来撒在面包或饼干表面以增加风味。

细砂糖：在烘焙中最常用的糖，比一般砂糖更细，比较适合制作西点蛋糕，因为它与面糊搅拌时较易溶解均匀，并能吸附较多油脂，乳化作用更好，可以产生较均匀的气孔组织以及较佳的容积量。

（二）糖粉（Sugar Powder）

将糖研磨成很细的粉末，再加入3%的淀粉，以防止其结成硬块，而制成糖粉。根据糖的粗细程度进行分类，10x是最细的糖，它使糖霜呈现最光滑的质地；6x是标准糖粉，用于糖衣和表层装饰和乳脂馅料；颗粒较粗的糖（4x 、2x）用于涂覆薄层，或当6x和10x糖太细的时候使用。

（三）转化糖浆（Invert Syrup）

此糖浆可长时间保存而不结晶，多数用在中式月饼皮内、萨其马和各种代替砂糖的产品中。转化糖的保湿性能特别好，一方面，可以保持蛋糕的新鲜和湿润；另一方面，它具有抗结晶性。所以，它可增加糖果、糖霜和糖浆的光滑度。

（四）饴糖（Malt Syrup）

饴糖又称米稀、糖稀或麦芽糖，是以谷物为原料，利用淀粉酶的作用水解淀粉而得来。饴糖呈黏稠状液体，色泽淡黄而透明，含糊精、麦芽糖和少量葡萄糖，多用于排类品种中，还可以作为面包和西饼着色剂。

（五）葡萄糖浆（Corn Syrup）

葡萄糖浆又称化学稀或淀粉糖浆，是淀粉经酸或酶水解制成的含葡萄糖较高的糖浆。其主要成分是葡萄糖、麦芽糖、高糖和糊精。淀粉糖浆的黏度、甜度，与淀粉水解糖化程度有关，糖化率越高，味越甜，黏度越低。

二、糖在西式面点中的作用

（1）增加制品甜味，减少蛋的腥味，使成品味道更好。

（2）在烘烤过程中，蛋糕表面会变成褐色并散发出香味，使成品颜色更漂亮。

（3）填充作用，在搅打过程中，帮助全蛋或蛋白形成浓稠而持久的泡沫，也能帮助黄油打成膨松状的组织，使面糊光滑细腻、产品柔软，这是糖的主要作用。

（4）保持成品中的水分，延缓老化。

三、食糖的保管

（1）室内相对湿度应不超过70%，周围的储糖环境不能低于0℃，因为在0℃以下，糖会因受冻而结块。夏季的储糖环境不要高于35℃，温度过高糖会溶化。

（2）储存糖的旁边，不能存放水分容易蒸发的食品或有恶劣异味的食品。

（3）还要防止老鼠、苍蝇、虫、蛾等对糖的侵害。把食糖装入瓷罐或玻璃皿中，盖严放在阴凉、通风处，可防止潮湿。但不可在日光下暴晒或靠近热的东西。

第三节 油脂

一、油脂的种类

油脂（Oil and Fat）是西点的主要原料之一，对改善制品风味、结构、形态、色泽和提高制品的营养价值起着重要作用。面包、点心制作中常用的油脂有动物油、植物油、人造黄油、起酥油等。

(一) 动物油

西点中常用的天然动物油有奶油和猪油。大多数动物油都有熔点高、可塑性强、起酥性好的特点。

1. 奶油 (Butter Fat)

奶油又称黄油或白脱油，中国港澳地区亦称牛油，又可分为盐奶油 (Salted Butter) 和无盐奶油 (Unsalted Butter)。奶油是从牛奶中分离出的乳脂肪，奶油的乳脂含量约为80%，水分含量为16%。奶油因有特殊的芳香和营养价值备受人们欢迎。丁酸是奶油特殊芳香的主要来源。奶油中含有较多的饱和脂肪酸甘油酯和磷脂，它们是天然乳化剂，使奶油具有良好的可塑性与稳定性。加工过程中充入1%～5%的空气，可使奶油具有一定硬度和可塑性。奶油是制作面包、蛋糕、塔、派、小西饼等西点的常用原料，并用于西点装饰。奶油的熔点为28℃～34℃，凝固点为15℃～25℃，在常温下呈固态，在高温下软化变形。故夏季不宜用奶油做装饰。奶油在高温下易受细菌和霉菌污染，应在冷藏库或冰箱中储存。

2. 猪油 (Lard)

猪油在中式糕点中使用广泛，在西点中应用不多。精制猪油色泽洁白、可塑性强、起酥性好，制出的产品品质细腻、口味肥美。但猪油融合性稍差，稳定性也欠佳，因此常用氢化处理或交酯反应来提高猪油的品质。

3. 牛、羊油及骨油 (Beef Tallow, Mutton Tallow and Bone Tallow)

牛、羊油都有特殊的气味，需经熔炼、脱臭后才能使用。这两种油脂熔点高，牛油为40℃～46℃，羊油为43℃～55℃。它们可塑性强，起酥性较好。在欧洲国家中大量用于酥类糕点中，便于成型和操作。但由于其熔点高于人的体温，牛羊油不易消化。骨油是从牛的骨髓中提取出来的一种脂肪，呈白色或浅黄色，骨油精炼后，可作为奶油的代用品，用于炒面，具有独特的醇厚酯香味。

(二) 植物油

植物油中主要含有不饱和脂肪酸，其营养价值高于动物油脂，但加工性能不如动物油脂或固态油脂。食用植物油根据精制程度和商品规格可分为普通 (精制) 植物油 (Refined Oil)、高级烹调油 (High-grade Cooking Oil) 和色拉油 (Salad Oil) 3 个档次品级。

(1) 普通食用植物油是以各种食用植物油料籽为原料，经压榨、溶剂浸出精炼和水化法制成的食用植物油。对于棉籽油、米糠油等还需进行精炼，以除去其中的有害物质制成精炼油后才能食用。

(2) 高级烹调油是各类食用植物毛油，经精炼制成的气味、滋味良好，色浅、高烟点的油脂产品，适用于烹调和其他需要较高质量油脂的场合，如作为人造奶油、起酥油的原料油。

（3）色拉油又称清洁油、凉拌油、生食油，是以菜籽、大豆、花生、棉籽、玉米胚芽等毛油，经脱胶、脱酸、脱色、脱臭等工序精制加工而成的高级食用植物油。色拉油色浅，气味、滋味醇厚，储藏时稳定性高，能耐低温，不含胆固醇，在高温下不起沫、无油烟。

西点中使用的植物油以精制后的色拉油为主。在西点制作时，应避免使用具有特殊气味的油脂，而破坏西点成品应有的风味。色拉油因为油性小、熔点低，具有良好的融合性，掺在蛋糕里能起到使蛋糕体柔软的作用。植物油在西点中还常作为油炸制品用油和制馅用。常见的食用植物油有大豆油（Soybean Oil）、花生油（Peanut Oil）、葵花籽油（Sunflower Oil）、芝麻油（Sesame Oil）、菜籽油（Rapeseed Oil）、可可脂（Cocoa Tincture）、椰子油（Coconut Oil）、棕榈油（Palm Oil）、橄榄油（Olive Oil）。

（三）人造奶油（人造黄油）

人造奶油（Margarine）又称麦淇淋和玛琪琳，是以氢化油为主要原料，添加水和适量的牛乳或乳制品、色素、香料、乳化剂、防腐剂、抗氧化剂、食盐和维生素，经混合、乳化等工序而制成的。人造奶油的软硬可根据各成分的配比来调整。人造奶油的乳化性能和加工性能比奶油要好，是奶油的良好代用品。人造奶油中油脂含量约为80%，水分为14%～17%，食盐为0～3%，乳化剂为0.2%～0.5%。

人造奶油的种类很多，分为家庭消费型人造奶油和行业用人造奶油。用于西点的有：通用人造奶油、起酥用人造奶油、面包用人造奶油、裱花用人造奶油等。

（1）通用人造奶油

通用人造奶油，又称通用麦淇淋，其适应范围很广，适用于各式蛋糕、面包、小西饼、裱花装饰等。在任何气温下都有良好的可塑性和融合性，一般熔点较低，口溶性好，可塑性范围宽。

（2）起酥用人造奶油

起酥用人造奶油，又称酥皮麦淇淋、酥片麦淇淋，主要用于起酥类制品，如起层的酥皮、千层酥、丹麦酥、酥皮面包、丹麦起酥面包等。酥皮麦淇淋起酥性好，熔点较高，塑性范围宽，使起酥包油操作更为容易，便于裹入面团后延展折叠，酥层胀发大，层次分明，产品质量好。

（3）面包用人造奶油

面包用人造奶油，有良好的可塑性、融合性、润滑作用、乳化性。将其加入面团中可以缩短面团的发酵时间和醒发时间，降低面团黏性以利于操作，同时改善面包的品质，使组织更加均匀、松软，体积增大，延长面包保鲜期，并使面包具有奶油风味。面包用人造奶油可加入面包面团中，也可进行面包的装饰和涂抹。

（4）裱花用人造奶油

裱花用人造奶油，又称裱花麦淇淋。具有良好的可塑性、融合性和乳化性，与糖浆、糖粉、空气混合形成的奶油膏膏体幼滑、细腻、稳定、保形效果好，易于操作。

（四）起酥油

起酥油（Shortening）是指精炼的动、植物油脂，氢化油或这些油脂的混合物，经混合、冷却塑化而加工出来的具有可塑性、乳化性等加工性能的固态或流动性的油脂产品。起酥油不能直接食用，而是作为产品加工的原料油脂，因而具有良好的加工性能。起酥油与人造奶油的主要区别是起酥油中没有水分。起酥油外观呈白色或淡黄色，质地均匀，具有良好的滋味、气味。起酥油的加工特性主要是指可塑性、起酥性、乳化性、吸水性和稳定性，起酥性是其最基本的特性。起酥油的种类很多，其分类方法也很多。按原料种类可分为植物型、动物型、动植物混合型起酥油；按制造方式可分为混合型和全氢化型起酥油；按是否添加乳化剂可分为非乳化型（油炸、涂抹用油）和乳化型起酥油；按性状可分为固态、液态和粉末状起酥油等。一般按用途分为通用型起酥油和专用型起酥油。专用型起酥油种类很多，有面包用、丹麦面包裹入用、千层酥饼用、蛋糕用、奶油装饰用、酥性饼干用、饼干夹层用、涂抹用、油炸用、冷点心用起酥油等。

1. 通用型起酥油

这类起酥油的适用范围很广，但主要用于加工面包、饼干等。油脂的塑性范围可根据季节来调整其熔点，冬季为30℃，夏季为42℃左右。

2. 乳化型起酥油

这类起酥油中乳化剂的含量较高，具有良好的乳化性、起酥性和加工性能。乳化型起酥油适用于重油、重糖类糕点及面包、饼干的制作，可增大面包、糕点体积，不易老化，松软，口感好。

3. 高稳定性起酥油

这类起酥油可以长期保存，不易氧化变质，起酥性好，可使“走油”现象减轻，适用于加工饼干及油炸食品。全氢化植物起酥油多属于这类型。

4. 面包用液体起酥油

这种油以食用植物油为主要成分，添加了适量的乳化剂和高熔点的氢化油，使之成为具有加工性能、乳白色，并有流动性的油脂。乳化剂在起酥油中作为面包的面团改良剂和组织柔软剂，可使面团有良好的延伸性，吸水量增加；使面包柔软，老化延迟；使面包内部组织均匀、细腻、体积增大。面包用液体起酥油适用于面包、糕点、饼干等的自动化、连续化生产。

5. 蛋糕用液体起酥油

这类油脂中含有10％～20％的乳化剂（单甘酯、卵磷脂、山梨糖醇酐酯），一般为乳白色乳状液体，用于蛋糕加工时，便于处理和计量。蛋糕用液体起酥油的特点有以下几方面。

（1）有助于蛋糕浆发泡，使蛋糕柔软、有弹性、口感好、体积大。

（2）因其良好的乳化型，特别适用于高糖、高油的奶油蛋糕。

（3）蛋糕组织均匀，气孔细密。

（4）可缩短打蛋时间。

(5) 消泡作用小。

(6) 面糊稳定性好。

二、油脂在西式面点中的作用

(1) 增加营养，补充人体热能，增进食品风味。

(2) 增强面坯的可塑性，有利于点心的成型。

(3) 调节面筋的胀润度，降低面团的筋力和黏性。

(4) 保持产品组织的柔软，延缓淀粉老化时间，延长点心的保存期。

三、油脂的保管

食用油脂在保管不当的条件下，品质非常容易发生变化，其中，最常见的是油脂酸败现象。为防止油脂酸败现象的发生，油脂的保管应在低温、避光、通风处，避免与杂质接触，尽量减少存放时间以确保油脂不变质。

(一) 要合理地选择油脂的储存容器

保管油脂，油多时可用陶瓷缸，尽量地减小容器的口径；油少时最好选用不透光的深色的玻璃瓶。油装满后应严格密封起来，使油与空气隔绝，防止与空气接触氧化变质。人们往往习惯用金属容器或塑料瓶（桶）盛装食油，经试验表明，金属分子和塑料中的增塑剂，能加速油的酸败变质。

(二) 储油的容器应存放在避光、温度低、阴凉、干燥的地方

因为阳光中的紫外线和红外线能促使油脂的氧化并加速有害物质的形成。所以，储油容器应尽可能地减少与光线、空气的接触。

(三) 要防止高温

食油的储存温度以 10℃～15℃为最好，一般不要超过 25℃。同时还要注意，食油内不能混入水分，否则，容易使油脂乳化，混浊变质。也可按 40：1 的比例往油中加入热油，可起到吸收水的作用。

(四) 储存的时间不宜太长

油脂存放时间较长时，会发生混浊，或者发出难闻的哈喇味，这就是我们所说的油脂酸败变质。严重时，会降低油脂的营养价值不易被人体吸收，而且容易引起人体中毒。

第四节 蛋品

蛋的营养价值高，用途广泛，是西点制作的重要原材料，尤其在蛋糕类制品中用量很大，不可或缺。蛋对西点的制作工艺以及制品的色、香、味、形和营养价值等方面都起到一定作用。

西点中运用最多的是鲜蛋，又以鸡蛋为主。鸡蛋不仅产量大、成本较低，且味道温和、性质柔软，在西点中的功用也较其他鲜蛋优越，是西点用蛋的最佳原料。

一、蛋的种类

西点中常用的蛋品有鲜蛋、冰蛋和蛋粉三类。

(一) 鲜蛋

鲜蛋（Fresh Eggs）主要包括鸡蛋、鸭蛋、鹅蛋等，其中以鸡蛋使用最多。因鲜鸭蛋和鲜鹅蛋带有异味，故使用不多。鲜蛋搅拌性能高，起泡性好，所以生产中多选择鲜蛋为主，其中鸡蛋是最常用的原料。因为鲜鸡蛋所含营养丰富而全面，营养学家称之“完全蛋白质模式”，被人们誉为“理想的营养库”。鸡蛋由蛋清、蛋黄和蛋壳组成，其中蛋清占60%，蛋黄占30%，蛋壳占10%。蛋清中含有水分、蛋白质、碳水化合物、脂肪、维生素，其中蛋清中的蛋白质主要是卵白蛋白、卵球蛋白和卵粘蛋白。蛋黄中的主要成分为脂肪、蛋白质、水分、无机盐、蛋黄素和维生素等，蛋黄中的蛋白质主要是卵黄磷蛋白和卵黄球蛋白。使用鲜蛋时对其质量要求是鲜蛋的气室要小，不散黄。使用鲜蛋的缺点是蛋壳处理麻烦。

(二) 冰蛋

冰蛋（Iced Eggs）是将蛋壳去壳，采用速冻制取的全蛋液（全蛋液含水约72%），速冻温度为−20℃至−18℃。由于速冻温度低，结块速度快，蛋液的胶体很少受到破坏，能保留其加工性能。使用时应升温解冻，其效果不及鲜蛋，但使用方便。

(三) 蛋粉

蛋粉（Egg Powder）主要包括全蛋粉、蛋白粉和蛋黄粉等。由于加工过程中，蛋白质变性，因而不能提高制品的疏松度。在使用前需要加水调匀溶化成蛋液或将面粉一起过筛混匀，再进行制作。因为蛋粉溶解度的原因，虽然营养差别不大，但是发泡性和乳化性能力较差，使用时必须注意。

二、蛋在西式面点中的作用

蛋品在西式面点中的作用功效及特性有以下几方面。

(1) 蛋的组成部分很复杂，并且含有丰富的维生素、矿物质和人体所需的营养物质，所以添加在烘焙制品中能够提高产品的营养价值。

(2) 蛋黄中含有卵磷脂成分，所以添加在焙烤制品中具有良好的乳化作用，改善产品组织和风味，使蛋糕和面包更松软可口。

(3) 改善烘焙产品的颜色和香味，使产品呈现自然的金黄色泽，并且经过烘烤后能散发和保持原有的香味，使得产品更精美可口。

(4) 具有很好的起泡性，能够使产品体积增大，特别是制作清蛋糕时，蛋是不可缺少的原料，搅拌蛋清时能够将空气拌入并且很好地包容住，其良好的表面扩张力形成包容空气的固体薄膜，经过高温烘焙热胀而使其体积增大。

(5）良好的热凝固性，蛋清凝固温度大约在 62℃，蛋黄凝固温度大约在 68 ℃，全蛋凝固温度大约在 82 ℃。所以一般在制作布丁类产品时需要利用这一特点。

三、鲜蛋的保存

(一）常温储存

蛋品在温度 2℃～5℃时保质期为 40 天，冬季室内常温下为 15 天，夏季室内常温下为 10 天，超过保质期其新鲜度和营养成分都会受到影响。

(二）冰箱储存

将蛋以尖头部位朝下置于冰箱摆放，可保持蛋的新鲜。这是因为蛋的圆头部位主掌呼吸作用的运行，如果将它朝上摆放，就不会压迫到呼吸部位。同时蛋黄的比重比蛋白小，把鸡蛋横放，蛋黄就会向上浮，时间一长，蛋就变成了黏壳蛋。要是把鸡蛋竖放，将圆头部位向上，由于蛋头有一个气室，里面有气体，即使蛋白变稀以后失去了对蛋黄的固定作用，蛋黄向上浮，也不会黏蛋壳，因而不易形成黏壳蛋。

(三）忌与水接触

蛋品最忌与水接触，水会破坏蛋壳表面的保护膜，使细菌进入蛋内，而加速鸡蛋变质。置于冷藏之后的蛋品也不可再拿出放到常温下保存。

(四）忌与生姜洋葱同放

鲜蛋忌与生姜、洋葱同放。因为生姜和洋葱有强烈气味，易透进蛋壳上的小气孔，使鲜蛋变质。

第五节　乳及乳品

乳品是西点的高档优质辅料。乳品具有很高的营养价值，在改善工艺性能方面也发挥着重要作用。用于西点加工生产的乳品主要是牛乳及其制品。

一、种类

西点中常用的乳制品有鲜乳、全脂乳粉、脱脂乳粉、甜炼乳、淡炼乳、稀奶油、干酪等。

(一）鲜奶油

鲜奶油（Cream)，或称淇淋、激凌、克林姆，是由未均质化之前的生牛乳顶层的牛奶脂肪含量较高的一层制得的乳制品。鲜奶油不仅是制造奶油的原料，而且可以直接用来制造冰激凌和用作蛋糕装饰奶油及西点馅料等。鲜奶油（Cream）和奶油（Butter）的区别在于鲜奶油的乳化状态是 O/W，而奶油的是 W/O。

鲜奶油的制法是用离心机将乳脂肪同牛乳的其他成分分离出来。鲜奶油中不允许添加其他油脂，乳脂肪呈球状颗粒存在，除油脂外还有水分和少量蛋白质，它是 O/W 型乳化状态混合物，呈白色像牛奶的液体。

鲜奶油的种类较多，通常以其中乳脂含量不同来区分。最常见的有咖啡饮料用鲜奶油（Coffee Cream），乳脂含量在 20%以下，无法打发；发泡鲜奶油（Whipping Cream），乳脂含量在 30%左右，其中添加有少许稳定剂和乳化剂，可以打发至两倍体积。目前还有以植物性脂肪代替乳脂肪而制造的植物鲜奶油（Imitation Cream），又称人造鲜奶油，主要成分是棕榈油、玉米糖浆及其氢化物。植物性鲜奶油通常是已经加糖的，而动物性鲜奶油一般是不含糖的。

鲜奶油的保存方式视厂牌不同而有所不同，应仔细阅读产品包装上的保存方法和保存期限说明。

（二）奶粉

奶粉（Milk Powder），又称乳粉，是以鲜乳为原料，经浓缩后喷雾干燥制成的。奶粉包括全脂奶粉（Whole Milk Powder）和脱脂奶粉（Skimmed Milk Powder）两大类。由于奶粉脱去了水分，因此便于储存，携带和运输方便，可以随时取用，不受季节限制，容易保持产品的清洁卫生，因此在面包、西点产品中广泛应用。

奶粉的性质与原料的化学成分有密切关系，加工良好的奶粉不仅保持着鲜乳的原有风味，按一定比例加水溶解后，其乳状液也和鲜乳极为接近，这一点对面包、糕点的生产及产品质量关系密切。

1. 溶解度

质量优良的奶粉可全溶于水中。奶粉的溶解度与加工方法有密切关系，喷雾干燥法奶粉，其溶解度为 97%～99%。

2. 吸湿性

各种奶粉，不论其加工方法如何，均有吸湿性。奶粉吸湿后会凝结成块，不利于储存。

3. 滋味

正常的奶粉带有微甜、细腻适口的滋味。由于奶粉具有吸收异味性，故原料乳的状况、加工方法、容器等均能影响乳的滋味。

（三）炼乳

炼乳（Condensed Milk），分甜炼乳（加糖炼乳）和淡炼乳（无糖炼乳）两种，以甜炼乳销售量最大，在面包、糕点生产中使用较多。

所谓甜炼乳，即在原料牛乳中加入 15%～16%的蔗糖，然后将牛乳的水分加热蒸发，浓缩至原体积的 40%。将牛乳浓缩至原体积的 50%时不加糖者为淡炼乳。

甜炼乳是利用高浓度蔗糖进行防腐，如果生产条件符合规定、包装卫生严密，在 8℃～10℃下长时间储存也不腐坏。由于炼乳携带和食用非常方便，因此，缺乏鲜乳供应的地区，炼乳可作为面包、西点生产的理想原料。

二、乳及乳制品在西式面点中的作用

（一）提高面团的吸水率

乳粉中含有会大量蛋白质，其中酪蛋白占蛋白质总含量的80%～82%，酪蛋白含量的多少会影响面团的吸水率。乳粉的吸水率为自重的100%～125%。因此，每增1%的乳粉，面团吸水率就会相应增加1%～1.25%，焙烤食品的产量和出品率相应增加，成本下降。

（二）提高面团筋力和搅拌能力

乳品中含有的大量乳蛋白质对面筋具有一定的增强作用，提高了面团筋力和面团的强度，不会因搅拌时间延长而导致搅拌过度。筋力弱的面粉受乳粉的影响较筋力强的面粉受乳粉的影响大。加入乳粉的面团更适用于高速搅拌，改善面包的组织和体积。

（三）改善面团的物理性质

面团中加入经适当热处理的乳粉，面团的吸水率增加，面团筋力提高，搅拌耐力增强。但若使用未经热处理的鲜牛乳或乳清蛋白质，不仅不能改善面团的物理性质，而且会减少面团的吸水性，使面团黏软，面包体积小。这是因为未经热处理的鲜乳中含有较多的硫氢基，硫氢基是蛋白酶的激活剂，蛋白酶作用于面筋蛋白质，就会降低面团的筋力。通过热处理使乳蛋白质中的硫氢基失去活性，则可减低对面团的不良影响。

（四）提高面团的发酵耐力

乳品可以提高面团的发酵耐力，使面团不至于因发酵时间延长而成为发酵过度的老面团。这是因为乳品中含有的大量蛋白质，对面团发酵pH值的变化具有一定缓冲作用，使面团的pH值不会发生太大的变化，保证面团的正常发酵。乳制品还可抑制淀粉酶的活性，减缓酵母的生长繁殖速度，使面团发酵速度适当放慢，有利于面团均匀膨胀，增大面包体积。另外，乳品可刺激酵母内酒精酶的活性，提高了糖的利用率，有利于二氧化碳气体的产生。

（五）改善制品的组织

由于乳品提高了面团筋力，改善了面团发酵耐力和持气性，因此，含有乳品的制品组织均匀、柔软、酥松，并富有弹性。含有乳制品的面包颗粒细小，组织均匀、柔软，富有光泽，体积增大。

（六）延缓制品的老化

乳中蛋白质及乳糖、矿物质等具有抗老化作用。乳品中含有大量蛋白质，使面团吸水率增加，面筋性能得到改善，面包体积增大，这些因素都有助于使制品老化速度减慢，提高其保鲜期。

（七）乳制品是良好的着色剂

乳制品中含有具有还原性的乳糖，不被酵母所利用，发酵后仍全部留在面团中。在烘焙期间，乳糖与蛋白质中的氨基酸发生褐变反应，形成诱人的色泽。乳制品用量越多，制品表皮的颜色就越深。乳糖的熔点较低，在烘焙期间着色快。因此，凡是使用较多乳品的

焙烤食品，都要适当降低烘焙温度和延长烘烤时间。否则，制品着色过快，易造成外焦内生的现象。

（八）赋予制品浓郁的奶香风味

乳品中的脂肪，带给人浓郁的奶香味。将其加入烘焙食品中，在烘烤时，使低分子脂肪酸挥发，奶香更加浓郁，食用时风味清雅。有促进食欲，提高制品食用价值的显著作用。

（九）提高制品的营养价值

乳中含有丰富的蛋白质和人体所需的必需氨基酸，维生素和矿物质也很丰富。而面粉中的蛋白质是一种不完全蛋白质，缺少赖氨酸、色氨酸和蛋氨酸等人体必需氨基酸。所以，在西点中添加乳品，可以提高成品的营养价值。

三、乳及乳制品的保管

（1）温度 、时间、湿度、光线都会对乳及乳制品造成一定程度的影响，应将乳及乳制品储存在干爽、通风、低温、不受阳光照射的地方。

（2）储存温度并非越低越好。储存温度过低（－2℃～10℃），虽能使奶中多数细菌死亡，但对牛奶的化学结构、还原后的组织状况等都会有所影响。

（3）乳及乳制品都有吸味、变色的特点，不能和有特殊气味的物品储存在一起。

第六节　水

一、水的种类

（一）水的种类

水（Water）是烘焙产品中用量很大的一种原料，水的添加量是最直接影响产品的成本因素。同时，水也是最好的水溶剂，能够溶解和很好的混合各种烘焙原料。水可分为以下几类。

（1）硬水，含丰富的矿物质，比如天然的泉水或井水等。

（2）软水，含的矿物质很少，比如蒸馏水和纯净水等。

（3）自来水，此水介于上述两种之间，目前烘焙制品中多用自来水。不过南北方水质有一定的差别。

（二）水的酸碱度

按照酸碱程度，水可分为酸性水和碱性水。微酸的水，有助于酵母的发酵。如果酸性过大，发酵速度过快，面筋就会软化导致气体保留性差，影响成品的品质与体积大小，使成品酸味过重，影响口感。碱性水则起到综合面团中酸度的作用，得不到所需的 pH 值时会抑制酶的活性，影响面筋成熟，且成品颜色米黄，产生不良异味。在西式面点中，只有发酵类制品对水质的要求比较严格，其他制品受水质的影响较小。

二、水的处理

（一）软水变成硬水的方法

加入适量的无机矿物质，通常是添加磷酸钙、硫酸钙等钙盐，提高水的硬度，可以保证面筋有一定的强度。

（二）硬水变成软水的方法

1. 离子交换法

采用特定的阳离子交换树脂，以钠离子将水中的钙镁离子置换出来。由于钠盐的溶解度很高，所以就避免了随温度的升高而造成水垢生成的情况。这种方法是目前最常用的标准方式。

2. 膜分离法

纳滤膜（NF）及反渗透膜（RO）均可以拦截水中的钙镁离子，从而从根本上降低水的硬度。

3. 石灰法

向水中加入石灰，主要是用于处理大流量的高硬水，只能将硬度降到一定的范围。

4. 电磁法

采用在水中加上一定的电场或磁场来改变离子的特性，从而改变碳酸钙（碳酸镁）沉积的速度及沉积时的物理特性来阻止硬水垢的形成。

5. 加药法

向水中加入专用的阻垢剂，可以改变钙镁离子与碳酸根离子结合的特性，从而使水垢不能沉积。目前工业上可以使用的阻垢剂很多。

三、水在西式面点中的作用

（1）调节面团软硬度及温度，方便操作。

（2）增强产品的柔软性，使口感更好。

（3）使面粉中的淀粉吸水糊化，更容易被人体消化。

（4）水的温度能够影响面团的发酵，帮助酵母更好的繁殖和发酵。

（5）面粉中的蛋白质吸水形成面筋，构成面包的支撑架的结构。

（6）能够使各种材料更好的混合均匀，溶解各种添加材料。

第七节　酵母

一、酵母的种类

酵母可分为鲜酵母、活性干酵母和快速活性干酵母。

（一）鲜酵母

鲜酵母（Fresh Yeast）俗称压榨酵母，采用酿酒酵母生产的含水70%～73%的块状产品，呈淡黄色，具有紧密的结构且易粉碎，有很强的发面能力。鲜酵母在4℃可保存1个月左右，在0℃能保存2～3个月。其最初是用板框压滤机将离心后的酵母乳压榨脱水得到的，因而被称为压榨酵母。发面时，其用量为面粉量的1%～2%，发面温度为28℃～30℃，发面时间随酵母用量、发面温度和面团含糖量等因素而异，一般为1～3个小时。

（二）活性干酵母

活性干酵母（Active Dry Yeast）采用酿酒酵母生产的含水分8%左右、颗粒状、具有发面能力的干酵母产品。具体是采用具有耐干燥能力、发酵力稳定的酵母菌经培养得到鲜酵母，再经挤压成型和干燥而制成，其发酵效果与压榨酵母相近。产品用真空或填充惰性气体（如氮气或二氧化碳）的铝箔袋或金属罐包装，货架寿命为半年到1年。与压榨酵母相比，它具有保藏期长，不需低温保藏，运输和使用方便等优点。

活性干酵母又称即发活性干酵母。活性干酵母与鲜酵母相比，具有以下鲜明特点：①活性特别高；②活性特别稳定；③发酵速度快；④使用时不需活化处理，使用非常方便；⑤不需低温储藏，只要于20℃以下阴凉、干燥处储藏即可。

（三）速效干酵母

速效干酵母（Instant Dried Yeast），是一种新型的具有快速高效发酵力的细小颗粒状（直径小于1毫米）产品。水分含量为4%～6%。它是在活性干酵母的基础上，采用遗传工程技术获得高度耐干燥的酿酒酵母菌株，经特殊的营养配比和严格的增殖培养条件以及采用流化床干燥设备干燥而得。与活性干酵母相同，它采用真空或充惰性气体保藏，保持期为1年以上。与活性干酵母相比，速效干酵母颗粒较小，发酵力高，使用时不需先水化而可直接与面粉混合加水制成面团发酵，在短时间内发酵完毕即可焙烤成食品。

二、酵母在西式面点中的作用

（一）使制品疏松

使面团膨胀、使产品疏松柔软是酵母的重要作用。在发酵中，酵母利用面团中的糖进行繁殖、发酵，产生大量二氧化碳气体，最终使面团膨胀，经烘焙后使制品体积膨胀，组织疏松柔软。

（二）改善风味

面团在发酵过程中，经历了一系列复杂的生物化学反应，产生了面包制品特有的发酵香味，同时，形成了面包制品所特有的浓郁芳香，诱人食欲的烘烤香味。

（三）增加营养价值

一方面，因为酵母的主要成分是蛋白质，几乎占了酵母干物质含量的一半，而且酵母的人体必需氨基酸含量充足，尤其是谷物中较缺乏的赖氨酸含量较多；另一方面，酵母含有大量的维生素B_1，维生素B_2及烟酸。所以，酵母能提高发酵食品的营养价值。

三、酵母的质量鉴定

质量好的酵母：①应呈黄色、颗粒大小均匀；②手感干爽、松散；③没有不良气味。

质量不好的酵母：变色、变味、结块、受潮都是质量差的酵母。

第八节 果料

一、果料的作用

果料在西点中应用广泛，是西点制作的重要辅料。果料的使用方法主要是在制品加工中将其加入面团、馅心或用于表面装饰。

西点中常用的果料有子仁、果仁、干果、果脯、蜜饯、果酱、干果泥、新鲜水果、罐头水果等。其对西点制品的作用有以下几个方面。

（一）提高制品的营养价值

果品中含有人体所需的矿物质、维生素、有机酸、糖等，果仁中还含有较多的脂肪，其中有些成分对人体有疗效作用。因此，将它们加入制品中也就自然地增加了制品的营养价值，提高了食品质量。

（二）改善制品的风味

不同的果料，都有各自独特的风味，将它们加入制品中，能显现出各自的香气和味道，特别是含芳香成分较多的果料更能提高制品风味，促进人们的食欲。

（三）调节和增加制品的花色品种

西点的花色品种有许多是以果料的形、香、味来调节和命名的，如果味酥、香蕉条、果酱排、果酱面包、菠萝面包等。

（四）美饰制品外观

在西点制品的表面，有的放几瓣杏仁，有的沾一层核桃碎或其他碎果仁，有的撒些色彩各异的果脯丁，有的拼摆上各色水果，有的装饰成各种图案，都可以使制品醒目、美观、增强色彩，起到装饰美化效果。

二、常用的果料

（一）果仁与子仁

果仁和子仁（Nuts and Seeds）含有较多的蛋白质与不饱和脂肪酸，营养丰富，风味独特，被视为健康食品，广泛用作西点的馅料、配料（直接加入面团或面糊中）、装饰料（装饰产品的表面）。

常用的子仁有芝麻仁、花生仁和瓜子仁。常用的果仁有核桃仁、甜杏仁、松子仁、橄榄仁、榛子仁、椰蓉（丝）等；西式糕点加工中以杏仁使用得最多。使用果仁时应除去杂

质，有皮者应焙烤去皮，同时注意色泽不要烤得太深。

1. 花生仁

花生仁（Peanut）是指去掉花生壳的部分，又称长生果和落花生。花生仁的营养价值很高，不但含有丰富的脂肪、蛋白质、碳水化合物，还含有多种维生素和无机盐。用途很广泛，常烤制至或炒制成熟后去皮，用于制作点心。

2. 瓜子仁

瓜子仁有西瓜子（Melon Seeds）、葵花子（Sunflower Seeds）等种类。优良的瓜子应该是粒片或籽粒较大，均匀整齐，经加工去皮后，具有特殊的香味。常用饼干或蛋糕表面装饰。

3. 芝麻仁

芝麻（Sesame Seeds）按照颜色可分为白芝麻、黑芝麻、纯色芝麻和杂色芝麻四种。优质芝麻应该是色泽鲜亮纯净，籽粒大而饱满，皮薄、嘴尖而小，具有芝麻的纯正香气和固有滋味。

芝麻用于制作糕点时，需经炒熟或去皮。用于糕点表面的芝麻不需要炒熟，而用于馅心的芝麻则需要炒熟。芝麻的表皮有涩味且无光泽，因此在使用白芝麻的时候大多数需要去皮，而黑芝麻取其色，一般不去皮使用。

4. 核桃仁

核桃（Walnut）又称胡桃，去除外壳后即为核桃仁。在西点制作中需要烤熟或炒熟使用。可用于制作核桃蛋糕、面包和饼干的原料。也可用于蛋糕表面装饰，或加入面团、面糊和糕饼糊中使用。

5. 甜杏仁

杏仁是杏子核的内果仁，肉色洁白，有甜杏仁（Sweet Almond）和苦杏仁之分。苦杏仁含有氢氰酸不宜直接食用，其香味较为浓烈。

西点中使用的杏仁主要是美国和澳大利亚的杏仁，杏仁加工的制品有杏仁瓣、杏仁片、杏仁条、杏仁粒、杏仁粉等。杏仁片是杏仁经轻微加热后在特殊设计的切片设备中制得。杏仁常被切成1～1.5毫米厚，经筛选后留下整片。杏仁粉是将杏仁研磨成面粉一样细致的粉末。杏仁粉在一般挞派类西点中经常使用，也是杏仁面团的主要原料。

6. 松子仁

松子仁（Pine Nuts），是松子的子仁，有明显的松脂芳香味，制成的焙烤点心具有独特的风味。优质的松子仁要求粒型饱满，色泽洁白，入口微脆，不软，无哈喇味。使用前应去皮，烤制成熟使用。

7. 榛子仁

榛子为高大乔木的种子，焙炒后去除榛子外衣得到榛子仁（Hazelnut），颜色可从灰白至棕色，根据焙炒程度而异，肉质较硬，有较好的香味。烤好的榛子仁可作为糕点的表面装饰料，也可混合在料中，增加产品风味。

8. 橄榄仁

橄榄取其果核，破核即得到橄榄仁（Olive Kernel），烘烤后外皮容易脱落，颜色微黄，肉质细嫩，含有油香味。

9. 椰蓉和椰丝

椰蓉和椰丝（Minced Coconut and Shredded Coconut），是椰丝和椰粉的混合物，用来做糕点、面包等的馅料和撒在蛋糕、面包等的表面，起到增加口味和表面装饰的作用。

椰丝是由椰子的果肉，黄色硬壳内除椰汁外的白色果肉部分加工而成的，含有丰富的维生素、矿物质和微量元素。椰子果实里绝大多数的蛋白质，是很好的氨基酸的来源。

（二）蜜饯

蜜饯食品是以干鲜果品、瓜蔬等为主要原料，经糖渍蜜制或盐渍加工而成的食品。其含糖量为40％～90％，在西点中直接加入面团或面糊中使用，或用于馅料加工及作为装饰料使用。

根据产品性状特点，蜜饯可分为以下几类。

1. 糖渍类

糖渍蜜饯由果肉加糖共煮，其成品一般浸渍在浓糖液中，果肉细致，味美。如蜜饯红果、蜜饯海棠、糖青梅、糖桂花、糖玫瑰花等均属此类。

糖渍类产品，表面微有糖液，色鲜肉脆，清甜爽口，原果风味浓郁，色、香、味、形俱佳，其代表产品主要有梅系列产品以及糖佛手、蜜金柑、无花果等。

2. 翻砂类

翻砂类蜜饯原料经糖渍糖煮后，成品表面干燥，附有白色糖霜，如糖冬瓜条、金丝蜜枣、金橘饼等。

翻砂蜜饯经糖渍煮制之后，果坯表面挂有一层粉末状砂糖糖衣，使制品呈不透明状，其质地清脆，含糖量较高，表面干燥，微有糖霜，色泽清新，形状别致，入口酥松，其味甜润，代表产品有枣系列产品以及苏橘饼、金丝金橘和苏式话梅、九制陈皮、糖杨梅、糖樱桃、各种瓜条、糖橘饼、糖藕片、糖姜片、糖莲子、糖荸荠、青红丝等。

3. 果脯类

果脯类蜜饯经糖渍煮制后烘干而成，其色泽有棕色、金黄色及琥珀色，鲜明透亮，表面干燥，为稍有黏性的干制品。如苹果脯、梨脯、桃脯、沙果脯、枣脯、香果脯、青梅脯、山楂脯、海棠脯等均属此类。

4. 凉果类

凉果类蜜饯是以各种鲜果（坯）为主要原料的甘草凉制品，其外观形状一般保持原果体，表面较干，有的品种表面呈盐霜，味道甘美、酸甜、略咸，有原果风味。如青梅、陈皮梅、冰糖杨梅等均属此类，品种极多。

有的凉果类蜜饯的原料在糖渍或糖煮过程中，添加甜味剂、香料等，成品表面呈干态，具有浓郁香味，如丁香李、雪花应子、八珍梅、梅味金橘等。

5. 话化类

话化类蜜饯以水果为主要原料，经腌渍、添加食品添加剂、加或不加糖、加或不加甘草制成的干态制品。

话化类蜜饯产品有甜、酸、咸等风味，如话梅、话李、话杏、九制陈皮、五香山楂片、甘草榄、甘草金橘等均属此类。

6. 果丹类

果丹类蜜饯以果蔬为主要原料，经糖熬煮、浸渍或盐腌，干燥后磨碎，成型后制成各种形态的干态制品。如百草丹、陈皮丹、柠檬丹、冰梅丹、酸梅丹、果皮丹、山楂丹、佛手丹等均属此类。

7. 果糕类

果糕类蜜饯，原料加工成酱状，经浓缩干燥，成品呈片、条、块等形状，如山楂糕、山楂条、果丹皮、开胃金橘等均属此类。

8. 甘草制品

甘草制品的原料采用果坯，配以糖、甘草和其他食品添加剂浸渍处理后，进行干燥而成为成品。成品有甜、酸、咸等风味，如话梅、甘草榄、九制陈皮、话李。

按地方风味区分，蜜饯可以为北、南、东等几种流派。北派以北京果脯为代表、南派以凉果为代表、东派以杭州的糖色为代表。

1. 京式蜜饯

京式蜜饯也称北京果脯，起源于北京，其中以苹果脯、金丝蜜枣、金糕条最为著名。京式蜜饯的特点是：果体透明，表面干燥，入口柔软，口味浓甜，其配料单纯，但用量大。

2. 杭式蜜饯

杭式蜜饯旧时称为糖色，按工艺可分为两大类：糖制、蜜浸。其主要产品有糖水青梅、糖水枇杷、话梅、金橘、杏脯等几十味，而百年汇昌的“糖水青梅”被誉为江南蜜饯之首，食之甜中有酸、回味隽永。

3. 广式蜜饯

广式蜜饯起源于广州、潮州一带，其中糖心莲、糖橘饼、奶油话梅享有盛名。其特点是：表面干燥，甘香浓郁或酸甜。

4. 苏式蜜饯

苏式蜜饯起源于苏州，包括产于苏州、上海、无锡等地的蜜饯，主要以翻砂类产品为主，现已遍及江、浙、沪、皖等地。以选料讲究、制作精细、形态别致、色泽鲜艳、风味清雅见长。其中无花果、金橘饼、白糖杨梅最为有名。苏式蜜饯的特点是：配料品种多，以酸甜、咸甜口味为主，富有回味。

5. 闽式蜜饯

闽式蜜饯起源于福建的泉州、漳州一带。其中以大福果、加应子、十香果最为著名。闽式蜜饯的特点是：配料品种多、用量大，味甜多香，富有回味。

（三）其他果料

1. 花料

花料（Flower Material），是鲜花制成的糖渍类果料。糕点中常用的花料有甜玫瑰、糖桂花等，它们多用做各种馅心或装饰外表。桂花配入蛋浆时可起到除腥作用。

2. 果酱

果酱（Jam），包括苹果酱、桃酱、杏酱、草莓酱、山楂酱及什锦果酱等，干果泥则有枣泥、莲蓉、豆沙等。果酱和干果泥大都用来制作糕点、面包的馅料。

3. 豆沙

豆沙（Sweetened Bean Paste），西点中常用的是红豆沙，做法是将红豆煮熟，磨成细沙，加入糖和油，用中小火熬制而成。豆沙主要用于西点个别品种的馅心。

第九节　食品添加剂

食品添加剂是为改善食品色、香、味等品质以及为防腐和加工工艺的需要而加入食品中的化合物质或天然物质。

一、面团改良剂

面团改良剂（Dough Improvers）是指能够改善面团加工性能、提高产品质量的一类添加剂的统称，面团改良剂还被称为面粉品质改良剂、面团调节剂、酵母营养剂等。面团改良剂现在多为混合制剂，它包括面粉处理剂、乳化剂、酶制剂、食品营养强化剂、水硬度和面团 pH 值调节剂、缓冲剂、各种氧化剂和还原剂类物质。面团改良剂除可以提高面团的筋力外，还能使面筋网络结构更具有规律性，纹理清晰，组织均匀，气孔壁薄，透明性好，色泽洁白。

二、乳化剂

乳化剂（Emulsifier）是一种多功能的表面活性物质，可在许多食品中使用。由于它具有多种功能，因此也称为面团改良剂、保鲜剂、抗老化剂、柔软剂、发泡剂等。在食品加工中常使用它来达到乳化、分散、起酥、稳定、发泡或消泡等目的。乳化剂还有改进食品风味，延长保质期的作用。

乳化剂的主要品种有：蛋甘油酯、大豆磷脂、脂肪酸蔗糖脂、丙二醇脂肪酸脂等。

三、酶制剂

酶制剂（Enzyme）指从生物（包括动物、植物、微生物）中提取的具有生物催化能力酶特性的物质，主要用于加速食品加工过程和提高食品产品质量。焙烤食品中使用的酶制剂主要包括淀粉酶、蛋白酶、脂肪氧合酶和乳糖酶。

四、抗氧化剂

抗氧化剂（Antioxidants）则能防止食品成分氧化变质，从而提高食品稳定性和延长储存期。主要用于防止油脂或油基食品的氧化变质。油脂和含油食品在空气中长期放置容易出现变质，这主要是油脂成分被氧化的缘故。油脂成分的氧化不仅会使食品褪色、变色、维生素成分遭到破坏和产生异臭味，严重时会产生有害物质，引起食物中毒。防止和减缓食品的氧化，添加抗氧化剂是一种简单、经济而又理想的方法。

五、食品强化剂

食品强化剂（Food Fortifier）为增加营养成分而加入食品中的天然的或人工合成的属于天然营养素范围的食品添加剂。食品中含有多种营养素，但种类不同，其分布和含量也不相同。此外，在食品的生产、加工和保藏过程中，营养素往往遭受损失。为补充食品中营养素的不足，提高食品的营养价值，适应不同人群的需要，可添加食品营养强化剂。食品的营养强化剂兼有简化膳食处理、方便摄取和防病保健等作用。

六、食用香精

食用香精（Food Flavour）是参照天然食品的香味，采用天然和等同天然香料、合成香料经精心调配而成具有天然风味的各种香型的香精。其包括水果类水质和油质、奶类、家禽类、肉类、蔬菜类、坚果类、蜜饯类、乳化类以及酒类等各种香精，适用于饮料、饼干、糕点、冷冻食品、糖果、调味料、乳制品、罐头、酒等食品。食用香精在西点中的作用主要有：①覆盖制品中不良气味，例如蛋腥味、臭粉味等；②增加制品的香味。其可分为液体、粉末、浆状等。

（一）按用途分类

（1）水溶性香精（水质香精，Essence）：将香基溶于一定浓度的乙醇、丙二醇、去离子水或蒸馏水中，必要时加酊剂、浸提液或浓缩果汁。通常使用量为 1‰ ～ 5‰，溶解或分散于水中成为透明状，有轻微的香味，但缺乏耐热性。水溶性香精主要用于清凉饮料、冷食、冰激凌、果冻等。

（2）油质香精（国外也叫香油，Oily Flavor）：将香基溶于丙三醇、三乙酸甘油酯、植物油等脂溶性溶剂中。油质香精浓度高，不易分散于水中，但耐热性、保留性优良，用于糖果、饼干、糕点、口香糖等。

（3）调味香精：用辛香料和肉类提取物来调配，用于方便食品、调味料、汤料、膨化食品、小吃食品等。

（4）酒用香精：用于配制啤酒、果酒、洋酒、白酒、米酒等酒类。

（5）牙膏用香精：用于制作牙膏、牙粉、爽口剂等洁齿类产品。

（6）其他用途香精：用于制作儿童用品、塑料制品、文具、印刷等。

（二）按状态分类

（1）液体香精：水质、油质香精。

①水溶性香精（水质香精，Essence）：主要用于清凉饮料、冷食、冰激凌、果冻等。

②油质香精（国外也叫香油，Oily Flavor）：用于糖果、饼干、糕点、口香糖等。

(2) 固体香精：粉末香精（Powdered Flavor）。其又分为两种类型：

①使各种香料单纯混合，附着于乳糖、淀粉之类的载体上。

②使各种香料连同乳化剂、赋形剂乳化分散于水溶液后，喷雾干燥得到粉末香精，广泛用于各种固体饮料、方便食品的汤料。正在流行的泡腾固体饮料也用这种香精。

(3) 乳状液香精：乳化香精（Emulsion Flavor)。用适当乳化剂的稳定剂，使脂溶性香料分散于水溶液中。乳化剂常用阿拉伯树胶、变性淀粉、吐温系列等，属于水包油型乳化体系。

(4) 膏状或浆状香精：以肉类、海鲜类的提取物为主要原料的香精。

(三) 按香精香型分类

(1) 柑橘系列：橙、柠檬、柑、橘、柚等。

(2) 果实系列：苹果、樱桃、甜瓜、桃子等 。

(3) 豆科系列：咖啡、可可等。

(4) 薄荷系列：辣薄荷、绿薄荷。

(5) 辛香料（ Spice ）系列：肉桂、肉豆蔻、大料、花椒等。

(6) 坚果（ Nut ）系列：杏仁、花生、胡桃等。

(7) 牛奶系列：牛奶、奶油、奶酪等。

(8) 肉类系列：猪、牛、羊、鸡肉，鱼、贝、虾、蟹类。

(9) 其他：蔬菜、谷类、药类。

七、食用色素

食用色素（Food Coloring)，是色素的一种，即能被人适量食用的可使食物在一定程度上改变原有颜色的食品添加剂，主要分为食用合成色素和食用天然色素。

(一) 食用合成色素

食用合成色素以其色彩鲜艳、性质稳定、着色力强、可任意调色、使用方便、成本低廉等优点，在西点中运用较广。但因合成色素本身无营养价值，甚至有一定毒性，对人体健康的影响较大，所以使用时应严格执行国家食品添加剂使用卫生标准。目前国家规定的食用合成色素有：苋菜红、胭脂红、柠檬黄、日落黄、靛蓝，并出台了相关规定，促使食用色素生产商更加严格规范化，用量和使用范围受到严格限制。

(二) 食用天然色素

食用天然色素取自自然界中各种原料固有的天然有色成分，具有安全性高、对人体健康无害、有的还有一定营养价值的特点。但食用天然色素一般溶解度较低，着色不易均匀，稳定性较差。我国允许使用的天然色素有30余种，西点制作中常用的主要有：β—胡萝卜素、姜黄、焦糖色、可可粉和可可色素等。在西点制作中还常取用一些有色鲜菜汁、果汁进行面团的调色、装饰。

天然色素特点：能更好地模仿天然物的颜色，色调较自然，成本较高，保质期短。其着色易受金属离子、水质、pH值、氧化、光照、温度的影响，一般较难分散，染着性、着色剂间的相溶性较差。

八、增稠剂

增稠剂（Thickener）为亲水性高分子胶体化合物。我国允许使用的增稠剂中有天然增稠剂，如从含有多糖类物质的植物和海藻类中制取的琼脂、海藻酸钠、果胶、阿拉伯胶等，从含蛋白质动物中制取的明胶，从微生物制取的黄原胶；有人工合成的增稠剂，如羟甲纤维素钠、羧甲基淀粉钠等。

（一）增稠剂的作用

1. 起泡作用和稳定泡沫作用

增稠剂可以发泡，形成网络结构，它的溶液在搅拌时形成小泡沫，可包含大量气体，并因液泡表面黏性增强使其稳定。如蛋糕、面包等食品中使用增稠剂等作为发泡剂。

2. 黏合作用

香肠中使用槐豆胶、鹿角藻胶的目的是使产品成为一个集聚体，使组织结构稳定、润滑，并利用胶的强力保水性防止香肠在储藏中失重。

3. 成膜作用

增稠剂能在食品表面形成非常光润的薄膜，可防止冰冻食品、固体粉末食品表面吸湿，导致质量下降。

4. 用于生产低能食品

增稠剂都是大分子物质，许多来自天然胶质，在人体内几乎不被消化、吸收。所以用增稠剂代替部分糖浆、蛋白质溶液等原料，很容易降低食品的能量。像果胶、海藻酸钠还具有降低血液中胆固醇的作用，可用于生产保健食品。

5. 保水作用

在面制品中，增稠剂可以改善面团的吸水性，调制面团时，增稠剂可以加速水分向蛋白质分子和淀粉颗粒渗透的速度，有利于调粉过程。增稠剂能吸收几十倍乃至上百倍于其含量的水分，并有持水性，这些特性可以改善面团的吸水量，增加产品重量。由于增稠剂有凝胶特性，它可以使面制品弹性增强，不易老化变干。

6. 掩蔽作用

增稠剂对一些不良的气味有掩蔽作用，其中环糊精效果较好。但注意绝不能将增稠剂用于腐败变质的食品。

（二）常用的增稠剂

1. 琼脂

琼脂（Agar）为无色透明类或白色至淡黄色半透明、细长薄片或鳞状碎片、无色或淡黄色粉末，无臭味、味淡、口感黏滑，不溶于冷水，溶于沸水。琼脂含水时柔软而带韧性，不易折断；干燥后发脆而易碎。琼脂可用做增稠剂、乳化剂、凝胶剂和稳定剂。琼脂在糕点中常用做表面胶凝剂，或制成琼脂蛋白膏等装饰蛋糕及糕点表面，也可加入糕点馅中以增加稠度。由于琼脂吸水性强，使用前应先用水浸泡 10 小时左右。琼脂作为糕点的保鲜剂时，添加量为 0.1%～1.0%。

2. 明胶

明胶（Gelatin）又称食用明胶、鱼胶、全力丁、吉利丁。明胶为多肽混合物，是由动物胶原蛋白经部分水解的衍生物，为非均匀的多肽物质。明胶可用做增稠剂、稳定剂、澄清剂和发泡剂。明胶是制作大型糖粉西点所不可缺少的原料，也是制作冷冻点心的一种主要原料。明胶为白色或淡黄色透明至半透明带有光泽的脆性薄片、颗粒或粉末，无臭、无味，不溶于冷水，可溶于热水，能缓慢地吸收 5～10 倍的冷水而膨胀软化。当它吸收 2 倍以上的水并加热至 40℃时便溶化成溶胶，冷却后形成柔软而有弹性的凝胶，比膨胀的胶冻韧性强。按来源不同，明胶的物理性质也有较大的差异，其中以猪皮明胶较优，透明度高，且具有可塑性。明胶的凝固点为 20℃～25℃，30℃左右熔化。

片状明胶又叫吉利丁片，半透明黄褐色，有腥臭味，需要泡水去腥，经脱色去腥精制的吉利丁片颜色较透明，价格较高。吉利丁片须存放于干燥处，否则受潮会黏结。使用吉利丁片时要注意，吉利丁片要剪成小片（利于泡软），浸泡时尽量不要重叠；水分约为吉利丁用量的五倍，要淹过材料；泡软后沥干水分，再与其他材料混合；所有材料加热至吉利丁熔化即可，温度不宜太高，否则吉利丁凝结功效会降低。粉状的明胶又叫吉利丁粉，功效和吉利丁片完全一样。吉利丁粉使用时，先倒入冷水中，使粉末吸收足够的水分膨胀，不需搅拌否则易造成粉末结块，待粉末吸足水分后，再加热搅拌至熔化。吉利丁片每片为 2.5～3 克，等于 1/2 小匙吉利丁粉，吉利丁粉 1 大匙等于吉利丁片 4 片，约 12 克。

3. 果胶

果胶（Pectin）存在于水果、蔬菜及其他植物细胞膜中，主要成分是浓缩半乳糖醛酸甲酯。果胶为白色或带黄色的粉末，几乎无味，口感黏滑。其溶于 20 倍水成乳白色黏稠状胶体溶液，与 3 倍或 3 倍以上砂糖混合则更易溶于水，对酸性溶液比较稳定。果胶分为高甲氧基果胶（即高酯果胶）和低甲氧基果胶（即低酯果胶）。甲氧基含量大于 7%称为高酯果胶，也称普通果胶；甲氧基含量越高，凝冻能力越大。果胶可用作增稠剂、胶凝剂、稳定剂和乳化剂，用于果酱、果冻中作增稠剂和胶凝剂；用于蛋黄酱中作稳定剂；用于糕点中起防硬化的作用。

九、调味剂

调味剂（Flavor Agent）是指改善食品的感官性质，使食品更加美味可口，并能促进消化液的分泌和增进食欲的食品添加剂。食品中加入一定的调味剂，不仅可以改善食品的感观性，使食品更加可口，而且有些调味剂还具有一定的营养价值。调味剂的种类很多，主要包括咸味剂（主要是食盐）、甜味剂（主要是糖、糖精等）、鲜味剂、酸味剂及辛香剂等。

第十节　食盐

食盐（Salt）的化学名称叫氯化钠，在餐饮和烘焙制品中是不可缺少的调味品，一般应用在烘焙过程中添加在面团里、馅料调味用和表面装饰等。

一、食盐的种类

（一）原盐

原盐是利用自然条件晒制，结构紧密，色泽灰白，纯度约为94%的颗粒，此盐多用于腌渍咸菜和鱼、肉等。

（二）精盐

精盐，以原盐为原料，采用化盐卤水净化，真空蒸发、脱水、干燥等工艺，色洁白，呈粉末状，氯化钠含量在99.6%以上，适合于烹饪调味。

（三）低钠盐

普通食盐中，钠含量高，钾含量低，易引起膳食钠、钾的不平衡，而导致高血压的发生。低钠盐的钠、钾比例合理，能降低血中胆固醇含量，适于高血压和心血管疾病患者食用。

（四）加碘盐

加碘盐是加入一定比例的碘化物和稳定剂的食盐。在普通食盐中添加一定剂量的碘化钾和碘酸钾，是一种最科学、最直接、最有效、最简单、最经济的防治碘缺乏症的补碘方法。加碘盐是主要为缺碘地区居民补碘而研制的，可防治地方性甲状腺肿、克汀病。中国规定碘缺乏症病区食盐加碘的浓度为1/50000～1/20000，联合国世界卫生组织向病区推荐碘浓度为1/100000的碘盐；联邦德国碘盐的含碘量为1/250000，是世界上碘盐浓度最低的国家；美国碘盐浓度为1/10000，是世界上碘盐浓度最高的国家。

（五）加硒盐

硒是人体微量元素中的“抗癌之王”。加硒盐则是在碘盐的基础上添加了一定量的亚硒酸钠制成的。硒同样也是人体必需的微量元素，它具有抗氧化、延缓细胞老化、保护心血管健康及提高人体免疫力等重要功能，同时硒还是体内有害重金属的解毒剂。动物的肝、肾以及海产品都是硒的良好来源，而植物食品的硒含量受产地、水土中硒含量的影响，差异很大。中老年人、心血管疾病患者、饭量小的人，可以选择加硒盐。加入一定比例的硒化物的食盐，对防止克山病、大骨节病有一定疗效。中国生产的加硒盐，含亚硒酸钠浓度为15/1000000。

（六）加锌盐

锌是“生命之花”。加锌盐是以碘盐为原料，再按照国家标准添加了一定量的硫酸锌或葡萄糖酸锌制成的，有利于儿童健脑、提高记忆力以及身体的发育，对预防多种因缺锌引起的疾病有很好的效果。锌作为一种人体必需的微量元素，对人体的生长发育、细胞再生、维持正常的味觉和食欲起着重要的作用，还能促进性器官的正常发育，增进皮肤健康，增强免疫功能。锌主要存在于动物的肉和内脏中，坚果和大豆等食品中锌的含量也较丰富，而蔬菜、水果和精白米面中含量较低。一般提倡摄入平衡的膳食，依靠天然食物来补充锌。但是，身体迅速生长的儿童、妊娠期的妇女、进食量少的老年人、素食者等人群都有可能体内锌含量缺乏，加锌盐可以供上述人群食用。

（七）补血盐

补血盐，即加铁盐，是指铁元素含量达到 8000ppm 左右的食盐，通过往食盐中加入适量硫酸亚铁等铁强化剂获得。加铁盐供缺铁性贫血病人食用，用铁强化剂与精盐配制而成。缺铁性贫血与碘缺乏病、维生素 A 缺乏并列为世界卫生组织、联合国儿童基金会等国际组织重点防治、限期消除的三大微营养素营养不良的疾病。我国缺铁性贫血发病率很高，强化铁盐添加了一定量的含铁化合物，可用于预防人体因缺铁而造成的缺铁性贫血，提高儿童的学习注意力、记忆力以及人体的免疫力，适用于铁缺乏人群，尤其能满足婴幼儿、少年、妇女、老年人对铁的需要。加铁盐的主要成分是：铁含量为 600～1000 毫克/千克，含碘量不小于 40 毫克/千克。

（八）加钙盐

我国三次全国营养普查结果表明，人们饮食普遍缺钙，儿童、孕妇、老年人缺钙更为严重。加钙盐是在普通碘盐的基础上按比例加入钙的化合物制成，适用于各种需要补钙的人群，可以预防骨质疏松、动脉硬化，调节其他矿物质的平衡以及酶活化等。加钙盐的主要成分是：钙含量为 6000～10000 毫克/千克，含碘量不小于 40 毫克/千克。

（九）防龋盐

防龋盐是指在食盐中加入氟化钠等氟化合物，使氟元素达到 100～250ppm 的食盐。适用于低氟地区，对龋齿有一定的疗效，同时适合儿童、青少年食用。

（十）维生素 B_2 盐

在精制盐中，加入一定量的维生素 B_2（核黄素），成为色泽橘黄的维生素 B_2 盐。其味道与普通盐相同，经常食用可防治维生素 B_2 缺乏症。经常患口腔溃疡的人，体内可能缺乏维生素 B_2，食用维生素 B_2 盐（核黄素盐）可以改善这一情况。核黄素盐中的核黄素对人体能量代谢过程也有着重要的意义，并能促进生长发育。维生素 B_2 主要存在于动物性食品中，如果经常吃素，则有可能缺乏。维生素 B_2 呈黄色，易溶于水，进入人体后如果有多余的量，会从尿液中排出，不存在摄食过量而中毒的问题。

（十一）风味盐

在精盐中加入芝麻、辣椒、五香面、虾米粉、花椒面等，可制成风味别具的五香辣味盐、麻辣盐、芝麻盐、虾味盐等，以增加食欲。

（十二）营养盐

这是近年新开发的盐类品种，它是在精制盐中混合一定量的苔菜汁，经蒸发、脱水、干燥而成，具有防溃疡和防治甲状腺肿大的功能，并含有多种氨基酸和维生素。

（十三）平衡健身盐

海水中的无机盐钾、钠配比与人体血液中的矿物质基本相同，并含有一定量的镁元素，从海水中提取这些有益物质，加入精制盐中，制成平衡健身盐可满足人体对多种矿物质的需求，以达营养平衡、健身去病之目的。

（十四）自然晶盐

自然晶盐以海盐为原料制成，保持了海洋中与人体最接近的组成成分，特别是保持了无机盐类和富含钾、钠、镁、碘等海洋生命元素，颗粒呈晶体状，更适合沿海地区的人群食用。经国家批准，广东为全国获准生产自然晶盐的两个省份之一，早年在部分沿海地区试销时受到广大消费者的欢迎。

（十五）雪花盐

以优质海盐为原料，采用目前国际上最先进的特殊工艺加工而成，盐质具有天然纯净、速溶等特点，色泽洁白，含有多种人体必需的矿物质和营养素，是普通碘盐中最高档次的品种。目前，美国、加拿大、日本、韩国、澳大利亚等发达国家流行食用雪花盐。

二、食盐在西点制作中的作用

（一）增进制品风味

食盐是一种咸味剂，能刺激人的味觉神经。食盐能增强原料的风味，衬托发酵后的酯香味，与砂糖的甜味互相补充，甜美、柔和，使制品风味更加突出。

（二）调节和控制发酵速度

一般微生物在食盐的用量超过 1%（以面粉计）时，能产生明显的渗透压，对酵母发酵有抑制作用，能降低发酵速度。因此可以通过增加或减少配方中食盐的用量，来调节和控制面团的发酵速度。如果面包中不加盐，会使酵母繁殖过快，导致面团发酵速度过快，面筋网络不能均匀膨胀，局部组织气泡多、气压大，面筋过度延伸，极易造成面团破裂、跑气而塌陷，最终制品组织不均匀，有大气孔，表面粗糙无光泽。如果加入一定量食盐，使酵母活性受到一定程度的抑制，就会使面团内产气速度缓慢，气压均匀，使整个面筋网络均匀膨胀、延伸，面包体积大、组织均匀、无大孔洞。

（三）增强面筋筋力

盐可使面筋质地变细密，增强面筋的立体网状结构，易于扩展延伸。同时能使面筋产生相互吸附作用，从而增加面筋的弹性。因此，低筋面粉可使用较多的食盐，高筋面粉则少用盐，以调节面粉筋力。

（四）改善面包的内部颜色

食盐虽不能直接漂白面包的内部色泽，但由于食盐改善了面筋的立体网状结构，使面团有足够的能力保持发酵产生的二氧化碳气体。同时，由于食盐能够控制发酵速度，产气均匀，面团均匀膨胀、扩展，使面包内部组织细密、均匀，气孔壁薄呈半透明，阴影少，当光线照射制品内部时，光线易于透过气孔壁，投射的暗影较小，故面包内部色泽变得洁白。

（五）增加面团调制时间

如果调粉开始时即加入食盐，会使面团调制时间增加 50%～100%，现代面包生产技术都采用后加盐法。即一般在面团中的面筋已经扩展，但还未充分扩展或面团搅拌完成前的 5～6 分钟加入。

三、食盐的质量要求与使用方法

（一）食盐的质量要求

食盐应为洁白色，无杂质、无苦味、无异味，氯化钠含量不得低于97%，其他物质含量应符合质量标准要求。

在焙烤食品中，食盐的加入量一般为1.5%左右，最多不超过3%。食盐的添加量主要从以下几个方面来考虑。

（1）根据制品的口味来确定食盐的添加量。如咸面包，食盐可加至1.5%～2.5%；但对甜面包，一般均控制在1%以下。

（2）根据小麦粉的性质确定食盐添加量。对于面筋含量过低的小麦粉可适当增加食盐用量，以提高面筋的形成量和形成速度；对面筋含量过高的小麦粉，加盐量可适当减少。

（3）根据配方中其他原料确定食盐添加量。由于油脂类的存在能降低小麦粉的吸水率，从而限制面筋的形成，因此配方中油脂含量较高时，应适当增加盐的用量，以促进面筋的形成；配方中若小麦粉较多、其他原料较少时，要适当减少盐的用量。

（二）食盐的使用方法

（1）面粉的筋力大小与食盐用量有关。低筋面粉应多用盐，高筋面粉应少用盐。

（2）配方中糖的用量较多时，食盐用量应减少，因两者均产生渗透压作用。

（3）配方中油脂用量较多时，食盐用量应增加。

（4）配方中乳粉、鸡蛋、面团改良剂较多时，食盐用量应减少。

（5）夏季温度较高时应增加食盐的用量，冬、秋季节温度较低时食盐用量应减少。

（6）水质较硬时应减少食盐的用量，水质软时应增加食盐的用量。

（7）需要延长发酵时间可增加用盐量；需要缩短发酵时间时，则应减少用盐量。制作面包时，宜采用后加盐法，即在面团搅拌的最后阶段加入。一般在面团的面筋扩展阶段后期，即面团不再黏附搅拌机缸壁时，盐作为最后加入的辅料，再搅拌5～6分钟即可。

第十一节　其他原料

一、蛋糕油

蛋糕油（Cake Emulsifier）又称蛋糕乳化剂或蛋糕起泡剂，它在蛋糕的制作中起着重要的作用，是制作各类蛋糕不可缺少的一种添加剂，也广泛用于各种西式酥饼中，能起到各种乳化的作用。

（一）蛋糕油的工艺性质

在20世纪80年代初，国内制作海绵蛋糕时还未有蛋糕油的添加，在打发的时间上非常慢，出品率低，成品的组织也粗糙，还会有严重的蛋腥味。后来添加了蛋糕油，制作海绵蛋糕时打发的全过程只需8～10分钟，出品率也大大地提高，成本也降低了，且烤出的成品组织均匀细腻，口感松软。蛋糕油的主要成分是化学合成品——单酸甘油酯加上棕榈油构成的乳化剂。

（二）蛋糕油的添加量和添加方法

蛋糕油的添加量一般是鸡蛋的3%～5%，因为它的添加量跟鸡蛋的使用量有关，每当蛋糕的配方中鸡蛋增加或减少时，蛋糕油也须按比例增多或减少。

蛋糕油一定要在面糊的快速搅拌之前加入，这样才能充分地搅拌溶解，才能达到最佳的效果。

（三）添加蛋糕油的注意事项

蛋糕油一定要保证在面糊搅拌完成之前能充分溶解，否则会出现沉淀结块。面糊中有蛋糕油的添加则不能长时间地搅拌，因为过度的搅拌会使空气拌入太多，反而不能够稳定气泡，导致其破裂，最终造成成品体积下陷，组织变成棉花状。

二、塔塔粉

塔塔粉（Cream of Tartar）是一种酸性的白色粉末，在蛋糕制作时它的主要用途是帮助蛋白打发以及中和蛋白的碱性。因为蛋白的碱性很强，而且蛋储存得越久，蛋白的碱性就越强，而用大量蛋白制作的食物都有碱味且色带黄。加了塔塔粉不但可以中和碱味，制品颜色也会较雪白。如果没有塔塔粉，也可以用一些酸性原料如柠檬汁、橘子汁或者白醋来代替，但是使用的分量要斟酌，因为这些果汁的酸度不一。一般说来，1茶匙塔塔粉可用1大匙柠檬汁或白醋代替，但要减少约10千克蛋白用量。

（一）塔塔粉的功能

（1）中和蛋白的碱性。

（2）帮助蛋白起发，使泡沫稳定、持久。

（3）增加制品的韧性，使产品更为柔软。

（二）塔塔粉的添加量和添加方法

塔塔粉的添加量是全蛋的0.6%～1.5%，与蛋清部分的砂糖一起拌匀加入。

三、啫喱粉

啫喱粉（Jelly Powder）的“啫喱”是英文jelly的译音，啫喱粉是制作果冻的一种粉状原料，又称果冻粉，也可以用于制作布丁（pudding）和慕司（mousse）等西点。

啫喱粉不仅仅为制作果冻的主料，利用它良好的稳定性能，煮成啫喱水，加入果占还可以作为生日蛋糕的装饰，抹在弧形的蛋糕上面非常美观。

四、吉士粉

吉士粉（Custard Powder）是一种香料粉，呈粉末状，浅黄色或浅橙黄色，具有浓郁的奶香味和果香味，由疏松剂、稳定剂、食用香精、食用色素、奶粉、淀粉和填充剂组合而成。吉士粉在西餐中主要用于制作糕点和布丁，后来通过香港厨师引进，才用于中式烹调。吉士粉易溶化，适用于软、香、滑的冷、热甜点（如蛋糕、蛋卷、馅心、面包、蛋挞等）之中，主要取其特殊的香气和味道，是一种较理想的食品香料粉。

（一）分类

常见的吉士粉有奶味吉士粉、普通吉士粉、即溶吉士粉等。其中即溶吉士粉是一种常用香料粉，通常用于面包、西点表面装饰或内部配馅和夹心，可在冷水中直接溶解使用，是一种即用即食型的馅料配料。

传统的吉士粉需要加水后加热到淀粉的糊化温度（60℃～70℃），然后冷却再使用，过程较烦琐。

（二）保存方法

优质吉士粉粉粒细匀，应注意防潮、防霉、防异味。

（三）主要功效

（1）增香：能使制品产生浓郁的奶香味和果香味。

（2）增色：在糊浆中加入吉士粉能产生杏黄色。

（3）增松脆并能使制品定形：在膨松类的糊浆中加入吉士粉，经炸制后制品松脆而不软瘪，形态美观。

（4）强黏滑性：在一些菜肴勾芡时加入吉士粉，能产生黏滑性，具有良好的勾芡效果，且芡汁透明度好。

思考题

1. 西式面点常用原料有哪些？

2. 面粉的种类有哪些？

3. 面粉的用途有哪些？

4. 糖在西点制作中的作用是什么？

5. 油脂的种类有哪些？

6. 鲜蛋的保存方法是什么？

7. 乳制品在西点制作中的作用是什么？

8. 水在西式面点制作中的作用是什么？

9. 酵母有哪些种类？

10. 西式面点中的常用果料有哪些？

11. 西式面点中常用的食品添加剂有哪些？

12. 食盐有哪些种类？

13. 使用蛋糕油的注意事项有哪些？

14. 塔塔粉的功能是什么？

第三章　西式面点制作的基本操作手法

教学目标与要求

掌握西点制作的各种方法。

重　点

掌握各种操作手法的规范动作和运用。

难　点

掌握各种操作手法的规范动作和运用。

西点制作的基本操作手法是西点成型的基本动作，它不仅能使成品拥有美丽的外观，而且能丰富西点的品种。基本操作手法的熟练与否对于西点的成型、产品的质量的好坏有着重要的意义。常用的基本操作手法有和、擀、卷、捏、揉、搓、切、割、抹、裱型等。

第一节　和、擀、卷、捏、揉

一、和

（一）和的方法

和是将粉料与水或其他辅料掺和在一起揉成面团的过程，它是整个点心制作工艺中最初的一道工序，也是一个重要的环节（如图 3－1 所示）。和面的好坏直接影响成品的质量，影响点心制作工艺能否顺利进行。

和面的具体手法大体可以分为抄拌法、调和法两种。

1. 抄拌法

将面粉放在案板或盆中，中间掏一个坑，放入适量的水，双手由外向内，由下而上地反复抄拌。抄拌时用力要均匀，待成为雪片状时，双手继续抄拌，至面粉成为块状时，可将面搓、揉成面团。

图 3－1　西点制作的基本操作手法——和

2. 调和法

先将面粉放在案台上，中间开个窝，再将鸡蛋、油脂、糖等物料倒入中间，双手五指张开，从外向内进行调和，再搓、揉成面团（如混酥面）。

（二）注意事项

（1）要掌握液体配料与面粉的比例。

（2）要根据面团性质的需要，选用面筋质含量不同的面粉，采用不同的操作手法。

（3）动作要迅速，干净利落，面粉与配料混合均匀，不夹粉粒。

（4）面光、手光、案板光。

二、擀

擀是西点整形的常用手法，将面团放在工作台上运用擀面杖等工具将面团压平或压薄的方法称为擀（如图 3－2 所示）。面团经过擀制平整或薄厚均匀之后直接涂抹上馅料即可成型。有的造型则是在包馅完成后再擀制成型，擀好的面团可利用折叠、卷等方法做出形态各异的造型。

（一）擀的方法

擀是借助于工具将面团展开使之变为片状的操作手法。擀是将坯料放在工作台上，擀面杖置于坯料之上，用双手的中部摁住擀面杖向前滚动的同时，向下施力，将坯料擀成符合要求的厚度和形状。如擀清酥面，用水调面团包入黄油后，擀制时用力要适当，掌握平衡。清酥面的擀制是较难的工序，冬季擀制较易，夏季擀制较困难，擀的同时还要利用冰箱来调节面团的软硬。擀制好的成品起发高、层次分明、体轻个大，擀不好会造成跑油、层次混乱、虽硬不酥。

（二）注意事项

（1）擀制面团应干净利落，施力均匀。

（2）擀制要平整、无断裂、表面光滑。

图 3-2　西点制作的基本操作手法——擀

三、卷

（一）卷的方法

卷是西点面包的成型手法之一（如图 3-3 所示），需要卷制的品种较多，方法也不尽相同。有的西点品种要求熟制后卷，有的是在熟制前卷，无论哪种都是从头到尾用手以滚动的方式，由小向大地卷成。卷有单手卷和双手卷两种形式，单手卷（如清酥的羊角酥）是用一只手拿着形如圆锥的模具，另一只手将面坯拿起，在模具上由小头向大头轻轻的卷起，双手要配合一致，把面条卷在模具上，卷的层次均匀。双手卷（如蛋糕卷）是将蛋糕薄坯置于工作台上，涂抹上配料，双手向前推动卷起成型。卷制不能有空心，粗细要均匀一致。

图 3-3　西点制作的基本操作手法——卷

（二）注意事项

（1）被卷的坯料不宜放置过久，否则卷制的产品无法结实。

（2）用力要均匀，双手配合要协调一致。

四、捏

（一）捏的方法

捏是用五指配合将制品原料粘在一起，做成各种栩栩如生的实物形态的动作称为捏（如图 3－4 所示）。捏是一种有较高艺术性的手法，西点制作常以细腻的杏仁膏为原料，捏成各种水果（如梨、香蕉、葡萄及寿桃等）和小动物（如猪、狗、兔等）。

(a)

(b)

图 3－4 西点制作的基本操作手法——捏

由于制品原料不同，捏制的成品有两种类型，一种是实心的，一种是包馅的。实心的为小型制品，其原料全部由杏仁膏构成，根据点缀颜色的需要有的浇一部分巧克力。包馅的一般为较大型的制品，它是用蛋糕坯与蜂蜜调成团后，做出所需的形状，然后用杏仁膏再包上一层。

捏是一种艺术性强、操作比较复杂的手法，用这种手法可以捏糖花、面人、寿桃及各种形态逼真的花鸟、瓜果、飞禽走兽等。捏不只限于手工成型，还可以借助工具成型，如刀、剪子等。

（二）注意事项

（1）用力要均匀，面皮不能破损。

（2）制品封口时，不留痕迹。

（3）制品要美观，形态要真实、完整。

五、揉

（一）揉的方法

揉可分为单手揉和双手揉两种。

1. 单手揉

适用于较小的面团，先将面团分成小剂，置于工作台上，再将五指合拢，手掌扣住面剂，朝着一个方向旋转揉动（如图 3－5（a）所示）。面团在手掌间自然滚动的同时要挤压，使面剂紧凑，光滑变圆，内部气体消失，面团底部中间呈旋涡形，收口向下，放置烤盘上。

2. 双手揉

应用于较大的面团，其动作为一只手压住面剂的一端，另一只手压在面剂的另一端，用力向外推揉，再向内使劲卷起，双手配合，反复揉搓，使面剂光滑变圆（如图 3－5（b）所示）。待收口集中变小时，最后压紧，收口向下即可。

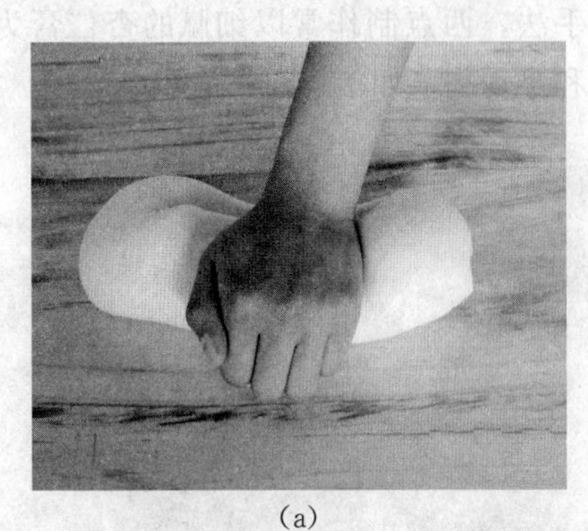
(a)

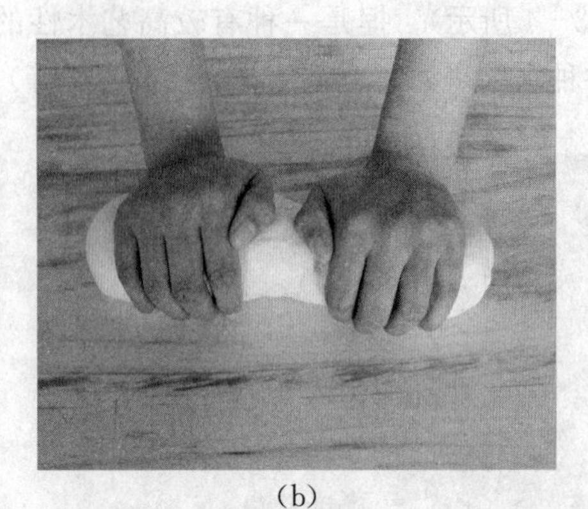
(b)

图 3－5 西点制作的基本操作手法——揉

（二）注意事项

（1）揉面时用力要轻重适当，要用“浮力”，俗称“揉得活”。特别是发酵蓬松的面团更不能死揉，否则会影响成品的蓬松感。

（2）揉面要始终保持一个光洁面，不可无规则地乱揉，否则面团外观不完整、无光洁，还会破坏其面筋网络的形成。

（3）揉面的动作要利落，揉匀、揉透、有光泽。

第二节 搓、切、割、抹、裱型

一、搓

（一）搓的方法

搓是将揉好的面团改变成长条，或将面粉与油脂混合在一起的操作手法。

搓面团时先将揉好的面团改变成长条状，双手的手掌基部摁在条上，双手同时施力，来回揉搓，边推、边搓，前后滚动数次后面条向两侧延伸，成为粗细均匀的圆形长条（如图 3－6 所示）。

搓油脂与面粉混合时，手掌向前施力，使面粉和油脂均匀的混合在一起。但不宜过多搓揉，以防面筋网络的形成，影响质量。

（二）注意事项

（1）双手动作要协调，用力要均匀。

（2）要用手掌的基部，按实推搓。

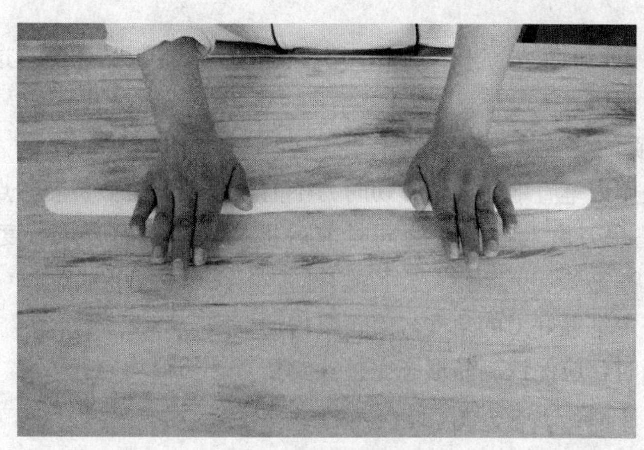

图 3-6 西点制作的基本操作手法——搓

(3) 搓的时间不宜过长，用力不宜过猛，以免断裂、发黏。

(4) 搓条要紧，粗细均匀，条面圆滑，不使表面破裂为佳。

二、切

(一) 切的方法

切是借助于工具将制品（半成品或成品）分离成型的一种方法（如图 3-7 所示）。

图 3-7 西点制作的基本操作手法——切

切可分为直刀切、推拉切、斜刀切等，以直刀切、推拉切为主。不同性质的制品，运用不同的切法，是提高制品质量的保证。

1. 推拉切

推拉切是指刀与制品处于垂直状态，向下压的同时前后推拉，反复数次后切断。酥脆类及质地比较绵软类的制品都采用此种方法，目的是保证制品的形态完整。

2. 直刀切

直刀切是指把刀垂直放在面团坯料之上，向下施力使之分离。

3. 斜刀切

斜刀切是指将刀口向里与案板呈 45°，用推拉的手法将制品切断。这种方法是在制作特殊形状的点心时使用。

（二）注意事项

（1）直刀切是用刀笔直地向下切，切时刀不前推，也不后拉，着力点在刀的中部。

（2）推拉切是在刀由上往下压的同时前后推拉，互相配合，力度应根据制品质地而定。

（3）斜刀切一定掌握好刀的角度，刀口要均匀一致。

（4）在切制品时，应保证制品形态完整，要切直，切得均匀。

三、割

（一）割的方法

割是在面团的表面划裂口，并不切断面团的造型方法（如图 3-8 所示）。制作某些品种的面包时采用割的方法，目的是使制品烘烤后，表面因膨胀而呈现爆裂的效果。为了需要有些制品坯料在未进行烘烤时，先割出一个造型美观的花纹，烘烤后花纹处掀起，填入馅料，以丰富其造型和口味。

图 3-8　西点制作的基本操作手法——割

（二）注意事项

（1）割裂制品的工具锋刃要快，以免破坏制品的外观。

（2）根据制品的工艺要求，确定割裂口的深度。

（3）割的动作要准确，用力不宜过大、过猛。

四、抹

（一）抹的方法

抹是将调制好的糊状原料，用工具平铺均匀，平整光滑的过程（如图 3-9 所示）。如制作蛋卷时采用抹的方法，不仅把蛋糊均匀地平抹在烤盘上，制品成熟后还要将果酱、打发的奶油等抹在制品的表面上进行卷制。

抹又是对蛋糕做进一步装饰的基础，蛋糕在装饰之前必须先将所用的抹料（如打发鲜奶油或果酱等）平整均匀地抹在蛋糕的表面，为造型和美化创造有利的条件。

图 3－9 西点制作的基本操作手法——抹

(二) 注意事项

(1) 刀具掌握要平稳，用力要均匀。

(2) 正确掌握刀的角度，保证制品光滑、平整。

五、裱型

(一) 裱的方法

裱型又称挤，是对西点制品进行美化，再加工的过程（如图 3－10 所示）。通过这一过程可以增加制品的风味特点，以达到美化外观、丰富品种的目的。

图 3－10 西点制作的基本操作手法——裱型

挤的手法有以下两种。

1. 布袋挤法

先将布袋装入裱花嘴，用左手虎口抵住挤花袋的中间，翻开内侧，用右手将所需原料装入袋中，切忌装得过满，以半袋为宜。材料装好后，将口袋翻回原状，同时把口袋卷紧，挤出空气，使挤花袋结实硬挺。挤时右手虎口捏住挤袋上部，同时手掌紧握挤花袋，左手轻扶挤花袋，并以适当角度对着蛋糕表面挤出，此时原料经由花嘴和操作者的手法动作，形成自然花纹。

2. 纸卷挤法

将纸剪成三角形，卷成一头小、一头大的喇叭形圆锥筒，然后装入原料，用右手的拇指、食指和中指攥住纸卷的上口用力挤出。

(二) 注意事项

(1) 双手配合要默契，动作要灵活，只有这样才能挤出自然美观的花纹。

(2) 用力要均匀，装入的物料要软硬适中，捏住口袋上部的右手虎口要紧。

(3) 要有正确的操作姿势。

(4) 图案纹路要清晰，线条要流畅，大小要均匀，薄厚要一致。

1. 西式面点中常用的基本操作手法有哪些?
2. 和的方法及注意事项有哪些?
3. 搓的方法及注意事项有哪些?
4. 抹的方法及注意事项有哪些?
5. 裱型的方法及注意事项有哪些?

第四章　蛋糕制作工艺

了解蛋糕的分类及其特点，掌握各类蛋糕的制作方法。

掌握各类蛋糕的制作工艺及面糊打发原理。

掌握各类蛋糕的制作和应用。

第一节　蛋糕的分类

蛋糕是一种古老的西点，一般是由烤箱制作的。蛋糕是以鸡蛋、白糖、小麦粉为主要原料，以牛奶、果汁、奶粉、香粉、色拉油、水、起酥油、泡打粉为辅料，经过搅拌、调制、烘烤后制成一种像海绵的点心。

蛋糕的主要成分是面粉、鸡蛋、奶油等，含有碳水化合物、蛋白质、脂肪、维生素及钙、钾、磷、钠、镁、硒等矿物质，食用方便，是人们最常食用的糕点之一。

蛋糕最早起源于西方，后来才慢慢地传入中国。最早的蛋糕是用几样简单的材料做出来的，是古老宗教神话与奇迹式迷信的象征。其原料是通过早期的经贸路线使异国香料由远东向北输入，而坚果、柑橘类水果、枣子与无花果从中东引进，甘蔗则从东方国家与南方国家进口。

在欧洲黑暗时代，这些珍奇的原料只有僧侣与贵族才能拥有，他们当时的糕点创作是蜂蜜姜饼以及扁平硬饼干之类的东西。慢慢地，随着贸易往来的频繁，西方国家的饮食习惯也跟着彻底地改变。

十字军东征返家的士兵和阿拉伯商人，把香料的运用和中东的食谱散播开来。在中欧几个主要的商业重镇，烘焙师傅的同业公会也组织了起来。中世纪末，香料已被欧洲各地的富有人家广为使用，更提高了糕点烘焙技术。等到坚果和糖大肆流行时，杏仁糖泥也跟着大众化起来，这种杏仁糖泥是用木雕的凹版模子烤出来的，而模子上的图案则与宗教训诫多有关联。

蛋糕的种类很多，按其使用原料、搅拌方法、面糊性质及膨发途径，通常可分为以下几类。

一、乳沫类蛋糕

乳沫类蛋糕的主要原料依次为蛋、糖、面粉，另有少量液体油，且当用蛋量较少时要增加化学膨松剂以帮助面糊起发。

其膨发途径主要是靠蛋液在拌打过程中与空气融合发泡，进而在炉内产生蒸汽压力而使蛋糕体积起发膨胀。

根据蛋的用量的不同，又可分为海绵类与蛋白类。使用全蛋的称为海绵蛋糕，例如瑞士蛋糕卷、西洋蛋糕杯等。若仅使用蛋白的蛋糕称为天使蛋糕。

（一）海绵蛋糕

海绵蛋糕（Sponge Cake）是一种乳沫类蛋糕，构成的主体是鸡蛋、糖搅打出来的泡沫和面粉结合而成的网状结构。因为海绵蛋糕的内部组织有很多圆洞，类似海绵，所以叫做海绵蛋糕。海绵蛋糕又分为全蛋海绵蛋糕和分蛋海绵蛋糕，这是按照制作方法的不同来分的。全蛋海绵蛋糕是全蛋打发后加入面粉制作而成的；分蛋海绵蛋糕在制作的时候，要把蛋清和蛋黄分开后分别打发再与面粉混合制作而成的。

海绵蛋糕常见的品种有海绵切块、柠檬蛋糕、巧克力蛋糕等。其产品特点是蛋香浓郁、结构绵软、有弹性、糕体轻。

1. 用料配方

制作海绵蛋糕用料有鸡蛋、白糖、面粉及少量油脂等，其中新鲜的鸡蛋是制作海绵蛋糕的最重要的原料，因为新鲜的鸡蛋胶体溶液稠度高，能打进气体，保持气体性能稳定；存放时间长的蛋不宜用来制作蛋糕。制作蛋糕的面粉常选择低筋粉，其粉质要细，面筋要软，但又要有足够的筋力来承担烘焙时的胀力，为形成蛋糕特有的组织起到骨架作用。若只有高筋粉，可先进行处理，取部分面粉上笼蒸熟，取出晾凉，再过筛，保持面粉没有疙瘩时才能使用，或者在面粉中加入少许玉米淀粉拌匀以降低面团的筋性。制作蛋糕的糖常选择蔗糖，以颗粒细密、颜色洁白者为佳，如绵白糖或糖粉。颗粒大者，往往在搅拌时间短时不易溶化，导致蛋糕质量下降。

2. 搅糊工艺

（1）蛋白、蛋黄分开搅拌法。其工艺过程相对复杂，其投料顺序对蛋糕品质更是至关重要。通常需将蛋白、蛋黄分开搅打，所以最好要有两台搅拌机，一台搅打蛋白，另一台搅打蛋黄。先将蛋白和糖打成泡沫状，用手蘸一下，竖起，尖略下垂为止；另一台搅打蛋黄与糖，并缓缓将蛋白泡沫加入蛋糊中，最后加入面粉搅拌均匀，制成面糊。在操作的过程中，为了解决口感较干燥的问题，可在搅打蛋黄时，加入少许油脂一起搅打，利用蛋黄的乳化性，将油与蛋黄混合均匀。

（2）全蛋与糖搅打法。是将鸡蛋与糖搅打起泡后，再加入其他原料搅打的一种方法。其制作过程是将配方中的全部鸡蛋和糖放在一起，入搅拌机，先用慢速搅打 2 分钟，待糖、蛋混合均匀，再改用中速搅拌至蛋糖呈乳白色；用手指勾起，蛋糊不会往下流时，改用快速搅打至蛋糊能竖起，但不很坚实；体积达到原来蛋糖体积的 3 倍左右时，把选用的面粉过筛，慢慢倒入已打发好的蛋糖中，并改用手工搅拌面粉（或用慢速搅拌面粉），拌匀即可。

（3）乳化法。是指在制作海绵蛋糕时加入乳化剂的方法。蛋糕乳化剂在国内又称为蛋糕油，能够促使泡沫及油、水分散体系的稳定。它的应用是对传统工艺的一种改进，尤其是降低了传统海绵蛋糕制作的难度，同时还使制作出的海绵蛋糕溶入更多的水、油脂，使制品不易老化、变干变硬，口感更加滋润，所以它更适宜于批量生产。

在传统工艺搅打蛋糖的操作时，使蛋糖打匀，即可加入面粉量 10%的蛋糕油，待蛋糖搅打发白时，加入选好的面粉，用中速搅拌至奶油色，然后可加入 30%的水和 15%的油脂，搅匀即可。

3. 烘烤

烘烤的温度对所烤蛋糕的质量影响很大。温度太低，烤出的蛋糕顶部会下陷，内部较粗糙；烤制温度太高，则蛋糕顶部隆起，中央部分容易裂开，四边向里收缩，糕体较硬。通常烤制蛋糕的温度以 180℃～220℃为佳。烘烤时间对所烤蛋糕质量影响也很大。正常情况下，烤制时间为 30 分钟左右。如时间短，则内部发黏，不熟；如时间长，则易干燥，四周硬脆。烘烤时间应依据制品的大小和厚薄来进行决定，同时可依据配方中糖的含量进行灵活调节。含糖量高，温度稍低，时间长；含糖量低，温度则稍高，时间短。

4. 出炉处理

出炉前，应鉴别蛋糕成熟与否，比如观察蛋糕表面的颜色，以判断生熟度。用手在蛋糕上轻轻一按，松手后可复原，表示已烤熟；不能复原，则表示还没有烤熟。还有一种更直接的办法，是用一根细的竹签插入蛋糕中心，然后拔出，若竹签上很光滑，没有蛋糊，表示蛋糕已熟透；若竹签上粘有蛋糊，则表示蛋糕还没熟。如没有熟透，需继续烘烤，直到烤熟为止。

如检验蛋糕已熟透，则可以从炉中、模具中取出，取出后要将海绵蛋糕立即翻过来，放在蛋糕架上，正面朝下，使之冷透，然后包装。蛋糕冷却有两种方法，一种是自然冷却，冷却时应减少制品的搬动，制品与制品之间应保持一定的距离，不宜叠放。另一种是风冷，吹风时不应直接吹，防止制品表面结皮。为了保持制品的新鲜度，可将蛋糕放在 2℃～10℃的冰箱里冷藏。

5. 质量标准

海绵蛋糕的质量标准是表面呈金黄色，内部呈乳黄色，色泽均匀一致，糕体较轻，顶部平坦或略微凸起，组织细密均匀，无大气孔，柔软而有弹性，内无生心，口感不黏不干，轻微湿润，蛋味甜味相对适中。

（二）天使蛋糕

天使蛋糕（Angel Cake 或 Angel Food Cake）于 19 世纪在美国开始流行起来。与其他蛋糕很不相同，其棉花般的质地和颜色，是靠把硬性发泡的鸡蛋清、白糖和白面粉打发制成的。天使蛋糕不含牛油、油质，因而鸡蛋清的泡沫能更好地支撑蛋糕。

制作天使蛋糕首先要将鸡蛋清打成硬性发泡（stiff peaks formed），然后用轻巧的翻折手法（folding）拌入其他材料。天使蛋糕不含油脂，因此口味和材质都非常的轻。天使蛋糕很难用刀子切开，因为刀子很容易把蛋糕压下去，因此，切天使蛋糕时通常使用叉子、锯齿形刀以及特殊的切具。

天使蛋糕需要专门的天使蛋糕烤具，通常是一个高身、圆筒状、中间有筒的容器。天使蛋糕烤好后，要倒置放凉以保持体积。天使蛋糕通常配有汁（sauce），如水果甜汁等。

天使蛋糕的主要品种有：白色天使、彩色天使、天使卷等。其产品特点是色泽洁白，口感暄软、香甜。

1. 用料配方

天使蛋糕由蛋清、白糖、面粉、油脂等按 5∶3∶3∶1 的比例混合制作而成，因配方中没有用蛋黄，糕体内部组织相对比较细腻，色泽洁白，质地柔软，几乎呈膨松状。

2. 制作工艺流程

蛋清、糖搅拌至 3 倍—加入混合粉搅拌—加水油搅拌—慢速拌成面糊—入模具—烘烤—脱模。

二、戚风类蛋糕

戚风类蛋糕（Chiffon Cake），是比较常见的一种基础蛋糕，也是现在很受西点烘焙爱好者喜欢的一种蛋糕，像是生日蛋糕一般就是用戚风蛋糕来做底。戚风蛋糕的做法很像分蛋的海绵蛋糕，其不同之处就是材料的比例，新手制作时可以加入发粉和塔塔粉，如此一来蛋糕的组织会非常松软。戚风类蛋糕的主要品种有：戚风卷、千层蛋糕、贵妃蛋糕、虎皮蛋糕等。

（一）产品特点

戚风蛋糕组织蓬松，水分含量高，味道清淡不腻，口感滋润嫩爽，有弹性，且无软烂的感觉，吃时淋各种酱汁很是可口，是目前最受欢迎的蛋糕之一。戚风蛋糕的质地异常松软，若是将同样重量的全蛋搅拌式海绵蛋糕面糊与戚风蛋糕的面糊同时烘烤，戚风蛋糕的体积可能是前者的 2 倍。

（二）制作过程

1. 浆糊的搅拌

戚风蛋糕是采用分蛋搅拌法，将蛋白和蛋黄分开来搅拌，然后再混合在一起的。具体是将蛋黄部分加入除蛋白部分 1/3 的糖和塔塔粉外的其他所有原料，用手抽子搅拌成面糊；再将蛋白、塔塔粉和剩下的糖快速搅打成鸡尾状；然后取 1/3 的蛋白糊与全部的蛋黄糊拌匀，再倒入剩下的蛋白糊一起搅拌。

2. 装盘

戚风蛋糕的装盘方法与海绵蛋糕相同。

3. 烘烤

戚风蛋糕的烤制温度相对于海绵蛋糕的温度要低一些，烘烤时间在20～30分钟。

4. 装饰

蛋糕出炉后，如果是用模具盛装的则要马上脱模，以防收缩；蛋糕卷可以用装饰皮来卷，如虎皮蛋糕。无装饰皮的也可直接在坯子表面撒果仁、糖霜等作为装饰。

(三) 技术关键

1. 选料时的注意事项

(1) 鸡蛋最好选用冰蛋，其次为新鲜鸡蛋，不能选用陈鸡蛋。这是因为冰蛋的蛋白和蛋黄比新鲜鸡蛋更容易分开。另外，若是单独将鲜鸡蛋白放入冰箱中储存1～2天后，再取出搅打，会比新鲜蛋白更容易起泡，这种起泡能力的改变，其实是由蛋白的pH值从8.9降低到6.0所致。

(2) 糖宜选用细粒（或中粒）白砂糖，因为这在蛋黄糊和蛋白膏中更容易溶化。

(3) 油脂宜选用流质油，如色拉油等。这是因为油脂是在蛋黄与白糖搅打均匀后才加的，若使用固体油脂则不易搅打均匀，从而影响蛋糕的质量。

2. 调制蛋白和蛋黄糊时的注意事项

(1) 分蛋时蛋白中不能混有蛋黄，搅打蛋白的器具也要洁净，不能沾有油脂。

(2) 搅打蛋白膏可分为泡沫状、湿性发泡、硬性发泡和打过头四个阶段。第一阶段，开始搅打蛋白时，蛋白呈黏液状，搅打约1分钟后呈泡沫状；第二阶段，加入白糖继续搅打5分钟后，蛋白有光泽，呈奶油状，提起打蛋器，见蛋白的尖峰下垂，此为湿性发泡；第三阶段，再搅打2～3分钟，提起打蛋器，见蛋白的尖峰挺立不垂，并且光泽较差，此为硬性发泡；第四阶段，若继续搅打，则蛋白会呈一团一团的棉花状，即搅打过头了。蛋白膏搅打到硬性发泡时，具有泡沫细小，色乳白，无光泽，倾入容器时不流动等特征。

3. 混合蛋白糊和蛋黄糊时的注意事项

(1) 蛋黄糊和蛋白膏应在短时间内混合均匀，并且拌制动作要轻要快。若拌得太久或太用力，则气泡容易消失，蛋糕糊会渐渐变稀，烤出来的蛋糕体积会缩小。

(2) 调制蛋黄糊和搅打蛋白膏应同时进行，及时混匀。任何一种糊放置太久都会影响蛋糕的质量，若蛋黄糊放置太久，则易造成油水分离；而蛋白膏放置太久，则易使气泡消失。

4. 烘烤时的注意事项

(1) 烘烤前，模具（或烤盘）不能涂油脂，这是因为戚风蛋糕的面糊必须借助黏附模具壁的力量往上膨胀，有油脂也就失去了黏附力。

(2) 蛋糕成熟与否可用手指轻按表面来测试，若表面留有指痕或感觉里面仍柔软浮动，那就是未熟；若感觉有弹性则是熟了。蛋糕出炉后，应立即从烤盘内取出，否则会引起收缩。

（3）蛋糕出炉以后，应反扣在烤架上面放凉，以免表面过于潮湿影响口感。

三、重油蛋糕

重油蛋糕（Pound Cake），也称面糊类蛋糕、油底蛋糕、磅蛋糕，是用大量的黄油经过搅打再加入鸡蛋和面粉制成的一种面糊类蛋糕。因为不像上述几种蛋糕一样是通过打发的蛋液来增加蛋糕组织的松软，所以重油蛋糕在口感上会比上面几类蛋糕来得实一些，但因为加入了大量的黄油，所以口味非常香醇。

重油蛋糕的主要原料依次为糖、油、面粉，其中油脂的用量较多，并依据其用量来决定是否需要加入或加入多少的化学膨松剂。其主要膨发途径是通过油脂在搅拌过程中结合拌入的空气，而使蛋糕在炉内膨胀。

重油蛋糕的主要品种有牛油戟、提子戟、玛芬蛋糕、哈雷蛋糕、红枣蛋糕等。其产品特点是油香浓郁，结构相对紧密，有一定的弹性。

重油蛋糕面糊的搅拌有以下两种方法。

1. 糖油拌和法

（1）特点：制作出的蛋糕体积大、松软。使用糖油拌和法的原理是糖和油在搅拌过程中能充入大量空气，使烤出来的蛋糕体积较大，而组织松软。此类搅拌方法为目前多数烘焙师所用。

（2）搅拌步骤如下：

①配方中所有的糖、盐和油脂倒入搅拌缸内用中速搅拌约 8～10 分钟，直到所搅拌的糖和油蓬松呈绒毛状，将机器停止转动，把缸底未搅拌均匀的油用刮刀拌匀，再继续搅拌。

②蛋分两次或多次慢慢加入第一步已拌发的糖油中，并把缸底未拌匀的原料拌匀，待最后一次加入蛋后应拌至均匀细腻，不可再有颗粒存在。

③面粉与发粉拌和过筛，分三次与牛乳（奶粉需先溶于水）交替加入以上混合物内，每次加入时应呈线状慢慢地加入搅拌物的中间。用低速继续将加入的干性原料拌至均匀有光泽，然后将搅拌机停止，将搅拌缸四周及底部未搅到的面糊用刮刀刮匀。继续添加剩余的干性原料和牛乳，直到全部原料加入并拌至光滑均匀即可，要避免搅拌太久。

2. 面粉油脂拌和法

（1）特点：组织细密且松软。面粉油脂拌和法的目的和效果与糖油拌和法大致相同，只是经本法拌和的面糊所做成的蛋糕较糖油拌和法所做的更为松软，组织更为细密，但做出来的蛋糕体积没有糖油拌和法做出来的大。注意使用本拌和法时，油脂用量不能少于60%，否则得不到应有的效果。

（2）拌和的程序如下：

①发粉与面粉筛匀，与所有的油一起放入搅拌缸内，用桨状拌打器慢速拌打 1 分钟，改用中速将面粉和油拌和均匀，在搅拌中途需将机器停止，把缸底未能拌到的原料用刮刀刮匀，然后拌至蓬松，需 10 分钟左右。

②将配方中糖和盐加入已打松的面粉和油内，继续用中速搅拌均匀，3 分钟左右，无须搅拌过久。

③改用慢速将配方内 3/4 的牛乳慢慢加入使全部面糊拌和均匀后，再改用中速将蛋分两次加入把面糊搅拌匀。

④剩余 1/4 的牛乳最后加入，中速搅拌，直到所有糖的颗粒全部溶解为止。

四、奶酪蛋糕

乳酪蛋糕（Cheese Cake），又称奶酪蛋糕，是以海绵蛋糕、派皮等为底坯，将加工后的乳酪混合物倒入上面，经过烘烤、装饰而成的制品。

奶酪蛋糕的主要品种有美式乳酪蛋糕、酸奶乳酪蛋糕、重奶酪蛋糕、轻奶酪蛋糕等。其产品特点是做法百变，风味百变，颜色也更加亮丽诱人。

奶酪蛋糕又分为以下几种：

（1）重奶酪蛋糕：即奶酪的分量加得比较多，重奶酪蛋糕的奶酪味很重，所以在制作时会多加入一些果酱来增加口味。

（2）轻奶酪蛋糕：在制作时奶油奶酪加得比较少，同时还会用打发的蛋清来增加蛋糕的松软度，粉类也会加得很少，所以轻奶酪蛋糕吃起来的口感会非常绵软，入口即化。

（3）冻奶酪蛋糕：是一种免烤蛋糕，会在奶酪蛋糕中加入明胶之类的凝固剂，然后放冰箱冷藏至蛋糕凝固，因为不经过烘烤，所以不会加入粉类材料。

五、慕斯蛋糕

慕斯蛋糕（Mousse Cake），是一种奶冻式的甜点，可以直接吃或做蛋糕夹层。通常是加入奶油与凝固剂来造成浓稠冻状的效果。慕斯（Mousse）是从法语音译过来的。

慕斯蛋糕的主要品种有巧克力慕斯、草莓慕斯、啤酒慕斯、酸奶慕斯等。其产品特点是柔软，入口即化。

第二节　蛋糕制作实例

一、海绵蛋糕（如图 4－1 所示）

（一）原料

鸡蛋 500 克，绵白糖 250 克，低筋粉 250 克，色拉油 50 克，牛奶 50 克，水 25 克。

（二）制作过程

（1）烤箱预热面火 180℃，底火 170℃备用。

（2）将鸡蛋打入搅拌桶内，加入白糖，搅拌至泛白的乳沫状。

（3）将低筋粉过筛，轻轻地倒入搅拌桶中，并一次加入色拉油、牛奶和水慢速搅拌均

图 4-1　海绵蛋糕

匀成面糊。

（4）将烤盘内铺上烘焙纸，倒入搅好的面糊，用刮板抹平，放入烤箱。

（5）烤制 30 分钟，待蛋糕完全熟透取出，切块即可。

（三）风味特点

色泽金黄，口感松软。

（四）技术关键

（1）盛器和搅拌缸内不能有水和油脂，以免影响面糊的打发。

（2）蛋液搅打时间不可过长，以免考好后的蛋糕组织干燥；但也不可搅打时间太短，影响蛋糕的起发。

（3）蛋糕出炉后马上将表面向下翻转过来，放在散热网上冷却，否则会导致蛋糕成品体积缩小。

二、戚风蛋糕（如图 4-2 所示）

（一）原料

（1）全蛋 600 克。

（2）蛋黄部分：低筋粉 100 克，白砂糖 70 克，色拉油 100 克，泡打粉 4 克，奶香粉 2 克，水 20 克。

（3）蛋白部分：塔塔粉 5 克，白砂糖 200 克。

（二）制作过程

（1）将蛋白、蛋黄分开。

（2）蛋黄部分：将白砂糖、色拉油、水放入盆内搅至糖化，加入打散的蛋黄搅匀，再加入一起混合过筛的低筋粉、泡打粉和奶香粉搅匀。

（3）蛋白部分：将蛋白和糖放入桶内以中速搅至气泡，加入塔塔粉快速搅至鸡尾状

图 4-2 戚风蛋糕

（即用手指把打发的蛋白勾起时有硬的剑锋，倒置过来不会弯曲）。

（4）混合：取 1/3 蛋白与蛋黄部分混合搅拌均匀，再把剩余的蛋白部分加入搅拌均匀。

（5）烘烤：烤盘铺纸，倒入面糊抹平。面火和底火都为 170℃，时间约 25 分钟。

（6）成型：蛋糕出炉后倒置放在凉网上，取下蛋糕纸，冷却后根据需要来造型。

（三）风味特点

色泽金黄，口感细腻绵软。

（四）技术关键

（1）蛋白和蛋黄要完全分开，不能有一点混杂。

（2）蛋白的部分一定要打到鸡尾状，以免影响糕体的起发。

（3）蛋黄部分和蛋白部分混合时应掌握正确的混发方法，使两者快速地混合均匀，时间不宜过长。

三、贵妃蛋糕卷（如图 4-3 所示）

（一）原料

（1）蛋糕部分：蛋黄 90 克，糖 40 克，泡打粉 2.5 克，低筋面粉 120 克，蛋清 180 克，细糖 77 克，塔塔粉 2.5 克，液态酥油 84 克，橙汁（罐装）67 克，贵妃酱 100 克。

（2）贵妃皮：全蛋 60 克，蛋黄 180 克，玉米粉 10 克，糖 28 克。

（二）制作过程

（1）蛋糕部分：

①将橙汁、液态酥油、糖拌匀。

②加入低筋面粉、泡打粉拌匀，最后加入蛋黄拌匀即可，待用。

③将蛋清、糖、塔塔粉打至中性发泡，取 1/3 与蛋黄部分先拌匀，最后再与余下的蛋

图 4－3　贵妃蛋糕卷

清拌匀即可，装模进炉。

(2) 贵妃皮：

①将全蛋、蛋黄、糖、玉米粉全部温和打发，打至 3 倍量取出刮平。

②烤焙温度为上火 190℃，下火 160℃，时间为 25 分钟 。

(3) 成型：将烤好蛋糕晾凉后撕去烘焙纸，抹上贵妃酱再用蛋糕纸卷起来切块即可。

(三) 风味特点

蛋糕柔软，蛋香浓郁。

(四) 技术关键

(1) 贵妃皮不宜烤制时间过长，以免影响色泽。

(2) 贵妃酱不宜抹的太厚，影响产品美观。

(3) 在卷制的过程中，要卷紧卷实。

四、虎皮蛋糕（如图 4－4 所示）

(一) 原料

(1) 蛋糕体原料：低筋粉 75 克，香草粉 2 克，鸡蛋 3 个，油 50 克，牛奶 37 克，糖 55 克，盐少许，白醋几滴。

(2) 虎皮原料：蛋黄 4 个，玉米淀粉 16 克，糖粉 30 克。

(二) 制作过程

(1) 蛋糕体：

①将牛奶、糖搅拌均匀后加色拉油拌匀，蛋黄分三次加入搅拌均匀，放入面粉搅拌均匀。

②蛋白、醋、盐打至大泡时开始分 3 次加剩余的 55 克糖，打至硬性发泡；将 1/3 蛋白与蛋黄糊拌匀，再将 1/3 蛋白与蛋黄糊拌匀，然后将蛋黄糊倒进剩余的 1/3 蛋白里轻拌

图 4-4 虎皮蛋糕

均匀，将搅好的面糊倒进铺好油纸的烤盘，抹平；底火和面火 200℃10 分钟，转 160℃23 分钟即可。

③出炉后倒扣在烤架上放凉，切去四周硬边，然后涂果酱，卷成蛋糕卷待用。

（2）虎皮：

①全部材料放入打蛋桶里，打至面糊体积稍大变白。

②将面糊倒进油纸的平底盘，抹平。

③进炉，关下火，只开上火，上层烤 3～4 分钟即可。

④出炉后倒扣在凉网上放凉，去掉四边。

（3）成型：将烤好的蛋糕体，放在虎皮上面，抹上果酱。后用蛋糕纸卷起来定型，切块即可。

（三）风味特点

松软可口，花纹漂亮。

（四）技术关键

（1）掌握好蛋浆打发程度，否则虎皮花纹不清晰。

（2）烘烤时掌握好炉温，否则底部容易焦煳。

（3）虎皮烤好后散热至 28℃～30℃，才可以操作，这样不容易断裂。

五、铜锣烧（如图 4-5 所示）

铜锣烧，又叫黄金饼，因为是由两块像铜锣一样的饼合起来的，故得名铜锣烧。它是一种烤制面皮、内置红豆沙夹心的甜点，也是日本的传统糕点。

铜锣烧的由来有两个说法。第一个由来，铜锣烧相传是日本江户时代（1603—1876 年），将军武士以军中的铜锣相赠恩人，恩人家贫拿铜锣当平底锅煎烤点心，竟创造出绝世美味。点心形状如铜锣，又以铜锣煎烤而成，故取名为铜锣烧。第二个由来，据说有一

图 4-5　铜锣烧

天，第一代幕府将军源赖朝的弟弟源义经的心腹大将弁庆受伤，到一户农家疗伤，后来弁庆感恩，把自己随身的军乐器铜锣送给这户人家。不料这个人突发奇想，把铜锣当模型、烤麸拿出来卖。后来几经改良，到江户时代后期，逐渐出现用蛋、面粉、砂糖做外皮，中间夹红豆馅的，类似今天的铜锣烧。

（一）原料

低筋粉 200 克，鸡蛋 1 个，细砂糖 30 克，牛奶 200 克，蜂蜜 30 克，红豆馅 400 克。

（二）制作过程

（1）把鸡蛋全部放入搅拌桶里，中速搅打至粗泡，分三次加入砂糖，打至变白且完全打发。

（2）加入牛奶与蜂蜜慢速搅拌均匀。

（3）混合面粉与泡打粉，过筛之后加入蛋糊中，用橡皮刀快速拌匀（用左右与上下方向拨拌，不要用画圈式，以免出筋）。

（4）烤盘刷油，将面糊装入裱花袋里，在烤盘上均匀地挤成圆形。

（5）进烤箱，面火 170℃、底火 170℃烤制约 10 分钟。

（6）出炉，取下面坯。取一片内部抹上红豆馅，再拿一片盖在上面捏一下即可。

（三）风味特点

蜂蜜香气，口感松软。

（四）技术关键

（1）蛋液搅打时间不宜过长，以免出现成品组织不细腻的情况。

（2）出炉后一定要立即把烤盘翻扣在案板上，以防制品体积缩小。

六、牛油蛋糕（如图 4-6 所示）

（一）原料

黄油 1000 克，白砂糖 1000 克，鸡蛋 1200 克，面粉 1400 克，牛奶 240 克，泡打粉 10 克，奶香粉适量。

图 4-6 牛油蛋糕

（二）制作过程

（1）黄油、白砂糖放入搅拌机内，搅拌膨松，将鸡蛋分次加入搅拌，直至膨松细腻为止。

（2）泡打粉、面粉、奶香粉过筛后放入轻轻搅拌均匀，再放入牛奶搅拌均匀。

（3）将搅打好的面糊装入裱花袋，挤入纸杯八分满，放入烤盘。

（4）烤箱面火 180℃，底火 170℃，烤制约 20 分钟，取出即可。

（三）风味特点

色泽金黄，口感油润。

（四）技术关键

（1）黄油、砂糖搅拌至蓬松状态呈乳黄色，且砂糖需溶化。

（2）分次加入鸡蛋，每次使鸡蛋液与黄油充分融合后再加入下一次。

七、天使蛋糕（如图 4-7 所示）

（一）原料

蛋白 160 克，白砂糖 100 克，低筋面粉 50 克，玉米淀粉 15 克，柠檬汁（或白醋）2 克，盐 1 克，朗姆酒 5 毫升，黄油少许。

（二）制作过程

（1）烤箱预热 180℃，将低筋面粉和玉米淀粉混合均匀后过筛。

（2）蛋白加盐和柠檬汁（或白醋）中速搅打出大泡后，分次加入白砂糖打成湿性发泡（即用刮刀挑起糖蛋白，糖蛋白呈倒三角状但不滴落），再加入朗姆酒打均匀。

（3）将过筛好的面粉放入蛋白中，搅拌均匀。

图 4-7　天使蛋糕

(4) 将打匀的蛋白糊一勺勺舀进模具，抹平，掂一掂蛋白糊和模具服帖，再放入已预热的烤箱下部，烘烤 20 分钟，用牙签插入没有沾到蛋糕液即可。

(5) 将模具取出后倒扣，待放凉后再将蛋糕脱模；食用前，均匀地撒上糖粉。

(三) 风味特点

口感松软，湿润爽口。

(四) 技术关键

(1) 盛装蛋白和搅拌桶里不能有水和油，以免影响蛋清的起泡。

(2) 蛋白要搅打到湿性发泡（即用刮刀挑起蛋白，呈倒三角状但不滴落的鸡尾状）。

(3) 掌握好烤制时间，烤制时间过长会影响产品色泽美观。

八、轻乳酪蛋糕（如图 4-8 所示）

(一) 原料

鲜奶 80 克，奶油奶酪 133 克，淡奶奶油 40 克，白砂糖 67 克，玉米淀粉 15 克，低筋面粉 15 克，蛋黄 4 个，蛋清 3 个，柠檬汁（或白醋）几滴。

(二) 制作过程

(1) 准备工作：

①准备材料，粉类过筛，鸡蛋分好蛋清、蛋黄。

②8 寸圆模，内垫油纸，外圈锡纸，备用。

③牛奶、鲜奶油、奶油奶酪混合入大碗，隔热水融化，把奶油奶酪用勺子压碎搅至无颗粒，用手动打蛋器画“十”字帮助拌匀。

(2) 奶酪蛋黄糊：

①奶酪糊稍放凉后，将 4 个蛋黄分次加入，搅匀一个再加另一个，充分拌匀。

②加入过筛的粉类，用橡皮铲由下向上翻动，然后左手转盆，右手用打蛋器画“十”

字，小心翻拌均匀，勿画圈。

（3）打发蛋白：

①蛋清加几滴柠檬汁，打出粗泡后。

②分次加入细砂糖打至蛋白呈湿性泡发，蛋白尖端下垂有弯钩的样子。

（4）混合奶酪糊、蛋白糊、烘烤、刷果酱：

①分次将蛋白糊加入奶酪蛋黄糊里，小心翻拌均匀后，倒入圆模。

②烤盘注入温水，水量为烤盘高度2/3左右，把圆模放入烤盘里，放入已经预热完毕的烤箱，175℃炉温烤制约60分钟，途中蛋糕表皮上色后加盖锡纸，温度降至150℃。

③趁热小心脱模，表面刷一层果酱，隔热水化开，切块，稍凉放入冰箱冷藏几小时后食用。

图4-8　轻乳酪蛋糕

（三）风味特点

口感细腻，具有浓郁的奶酪香味。

（四）技术关键

（1）搅拌蛋白时细砂糖一定要分次加入，搅拌至湿性发泡即可。

（2）加入蛋白芝士糊应较凉些，不能太烫。

九、红枣蛋糕（如图4-9所示）

（一）原料

黄油50克，白糖20克，红糖20克，鸡蛋2个，无核小枣100克，低筋100克，牛奶150毫升。

（二）制作过程

（1）无核小枣加牛奶提前泡一会儿至软，放入搅拌机搅碎。

（2）黄油室温放软，切小粒，加红糖白糖稍微打发。

（3）放入鸡蛋继续打匀，放入搅碎的枣，加剩余的牛奶拌匀。

图 4-9　红枣蛋糕

(4) 放入低筋粉，继续切拌，不要画圈，以免起筋。

(5) 盛入小纸杯里即可。

(6) 烤箱预热 160℃，小纸杯 20 分钟，大纸杯 40～50 分钟。

(三) 风味特点

口感酥香，枣香浓郁。

(四) 技术关键

(1) 红枣必须提前泡软再搅碎。

(2) 烤制的温度不宜太高。

十、千层蛋糕 (如图 4-10 所示)

(一) 原料

A. 全蛋 545 克，细砂糖 272 克，蜂蜜 68 克，盐 3 克；

B. 低筋面粉 245 克，玉米粉 27 克，牛奶 177 克，沙拉油 163 克；

C. 奶油适量。

(二) 制作过程

(1) 原料 A 放入搅拌缸中，高速拌打至蛋液体积变大、颜色变白、有明显纹路，再转至中速拌打至橡皮刮刀拉起发泡，发泡的蛋液约 2～3 秒滴落 1 滴。

(2) 原料 B 过筛 2 次，加入过程 (1) 的搅拌缸中拌匀成面糊。

(3) 原料 C 混合，取少许过程 (2) 的面糊加入拌匀，使其浓稠度相近，再倒入剩余的过程 (2) 的面糊中拌匀。

(4) 将过程 (3) 的面糊平均分为 6 份；烤盘铺上白纸，备用。

图 4-10 千层蛋糕

(5) 取 1 份过程 (4) 中制成的面糊倒入烤盘，以抹刀抹平面糊，放入烤箱以上火 200℃，下火 150℃烤至蛋糕表面上色，约 8～10 分钟。

(6) 打开烤箱拉出烤盘，重复过程 (5) 的做法至面糊用完，直到最后一层面糊烤熟。

(三) 产品特点

造型美观、口感松香。

(四) 技术关键

(1) 面糊装盘时应尽量抹平，以免烤好的蛋糕薄厚不均匀。

(2) 蛋糕坯要分层次烘烤，第二、第三次要隔水烤或关闭底火。

思考题

1. 蛋糕可以分为哪几类？
2. 海绵蛋糕的工艺流程有哪些？
3. 戚风蛋糕的产品特点有哪些？
4. 重油蛋糕有哪些品种？
5. 蛋糕的概念是什么？
6. 简述海绵蛋糕的制作原理。
7. 简述虎皮蛋糕的制作过程。

第五章　面包制作工艺

教学目标与要求

了解面包的生产工艺过程；掌握常见面包品种的制作方法。

重　点

掌握各种面包的制作工艺及面团搅打原理。

难　点

掌握各种面包的制作工艺。

第一节　概述

面包（Bread）是一种用五谷（一般是麦类）磨粉制作并加热而制成的食品。以小麦粉为主要原料，以酵母、鸡蛋、油脂、果仁等为辅料，加水调制成面团，经过发酵、整形、成型、焙烤、冷却等过程加工而成的焙烤食品。

一、面包的起源和发展

面包是一种把面粉、水和其他辅助原料等调匀，发酵后烤制而成的食品。早在1万多年前，西亚一带的古代民族就已种植小麦和大麦。那时他们利用石板将谷物碾压成粉，与水调和后在烧热的石板上烘烤，这就是面包的起源。但它当时还是未发酵的“死面”，也许叫做“烤饼”更为合适。与此同时，北美的古代印第安人也用橡实和某些植物的籽实磨粉制作“烤饼”。公元前3000年前后，古埃及人最先掌握了制作发酵面包的技术。最初的发酵方法可能是偶然发现的，和好的面团在温暖处放久了，受到空气中酵母菌的侵入，导致发酵、膨胀、变酸，再经烤制便得到了远比“烤饼”松软的一种新面食，这便是世界上最早的面包。古埃及的面包师最初是用酸面团发酵，后来改进为使用经过培养的酵母。现今发现的世界上最早的面包坊诞生于公元前2500多年前的古埃及。大约在公元前13世纪，摩西带领希伯来人大迁徙，将面包制作技术带出了埃及。至今，在犹太人的逾越节时，仍制作一种那里叫做“马佐（matzo）”的膨胀饼状面包，以纪念犹太人从埃及出走。公元2世纪末，罗马的面包师行会统一了制作面包的技术和酵母菌种。他们经过实践比较，选用酿酒的酵母液作为标准酵母。在古代漫长的岁月里，白面包是上层权贵们的奢侈品，普通大众只能以裸麦制作的黑面包为食。直到19世纪，面粉加工机械得到很大发展，小麦品种也得到改良，面包才变得软滑洁白了。今天的面包大多数是由工厂的自动化生产线生产的。由于在面粉的精加工研磨过程中维生素损失较多，所以美国等国家在生产面包时经常添加维生素、矿物质等。另外，近年来不少人认为保留麸皮和麦芽对健康更有好处，因此粗面包又再度流行。

二、面包的分类

面包是发酵烘焙食品，是以面粉、酵母、盐和水为基本原料，添加适量糖、油脂、乳品、蛋、果料、添加剂等，经过搅拌发酵成型、饧发烘焙等工艺而制成的组织松软富有弹性的制品。面包的分类方法较多，主要有以下几类。

(一）按味道分类

面包按味道可以分为：甜面包和咸面包。

甜面包，是指配方中含有高量糖及其他高成分材料（如蛋、油脂等），产品具有口感香甜、组织柔软、富有弹性等特点的面包。

甜面包一般分美式、欧式、日式、台式等，一般甜面包面团中糖含量在18%～20%，油脂通常为4%～8%，分直接法、中种法操作，根据店内硬件要求可选用冷藏面团操作。可为顾客及时供应热面包。

在亚洲，烘焙市场上流通的甜面包特点较为接近，这些地区对甜面包不仅有极高的鲜度要求，而且要求要有漂亮的外形、丰富的内馅以营造出产品的卖点，提升产品商业价值。

在欧美国家，甜面包多作为休息或早餐时的点心食用，但做法不及亚洲（如日本、中国台湾）地区精致。目前在烘焙市场流行的日式、台式甜面包通常除口味追求丰富多样外，在造型、外观上更为注重，并提倡以手工操作为主。它们在馅料搭配方面迎合当地消费者需求、结合当地原料素材，灵活多变，已发展成面包中的一个重要品种。而欧美（如美国）地区的甜面包，为节省人工开支和配合量产，操作方式基本以半人工、半机械为主，在外形等方面远不如亚洲下功夫，这应是东西方综合文化差异所致。

在国内，甜面包仍是面包店主打产品之一。历经了国内“拓荒者”福建、广东派所谓“港式”面包、“台式”面包引进后，现烤甜面包仍是国内面包的主流。如今，红火于上海等地的现烤面包店（如日本山琦、新加坡面包新语）内，令顾客排起长队等待购买的仍是甜面包。

咸面包，此类面包中糖、油、蛋和其他辅料较少，以主食面包较多，例如咸方包、碱包、咸餐包等。

（二）按质地分类

面包根据质地可分为：软式面包，硬式面包，起酥面包。

软式面包，以日本、美国、东南亚为代表。这种面包讲求式样漂亮、组织细腻，以糖、油或蛋为主要配方，多采用平盘烤箱烘烤，以便达到香酥松软的效果。软式面包以日本制作的最为典型。面包的刀工、造型与颜色，均十分讲究，尤以内馅香甜，外皮酥软滑口，更是吸引人。至于美国，则是重奶油与高糖。中国台湾由于曾受日本殖民统治，因此在面包食用的习惯上，仍以日式软面包为消费主流。

硬式面包（欧式面包）以德、英、法、意等欧洲各国及亚洲的新加坡、越南等国为代表。欧洲人把面包当主食，偏爱充满咬劲的“硬面包”。硬式面包的配方简单，着重烘焙制程控制，表皮松脆芳香，内部柔软又具韧性，一股浓郁的麦香，越嚼越有味道。硬式面包最普遍有德国面包、法国面包、英式面包、意大利面包等多种。欧式面包采用旋转烤箱，因此于烘焙初段时可喷蒸汽，可使面包内部保水率增加，又能防止面包表面干硬。

起酥面包，又称丹麦面包。口感酥软、层次分明、奶香味浓、面包质地松软。这种面包的发源地是维也纳，所以在其他产地，人们称之为维也纳面包。一般认为像现在这种掺入油脂类型的丹麦面包的普及同牛角包的普及是同一时期，即1900年。丹麦面包的加工工艺复杂，将经过搅拌和3小时以上低温发酵后的面团滚压成厚约3厘米的面片，再进入折叠工序，使包入面团中的油脂经过该工序产生很多层次，面皮和油脂互相隔离不混淆。出炉后表面刷油，冷却后撒上糖粉或者果酱来装饰。因为制作时间长，这类面包的款式相对较少，常见的有牛角包、果酱酥皮包。这种面包多同吉士酱、水果等组合起来烘烤，是点心类的一种面包。根据配料和折叠进去的油脂的多少，分为各种类型。其名字同产地相同的有丹麦的丹麦面包和德国的哥本哈根包，属于面坯配料简单、折叠配入油脂量多的类型。面坯配料丰富的有法国的奶油鸡蛋面包和美国类型的丹麦面包等。另外，属于中间类型的还有德国的丹麦面包和法国的奶油热狗面包等。面包中热量最高的是丹麦面包，它的特点是加入20％～30％的奶油或起酥油，因为饱和脂肪和热量实在太多，而且可能含有对心血管健康非常不利的反式脂肪酸，要尽量少吃这种面包。

（三）按地域分类

面包按地域可分为以下几类。

法式面包：以棍式面包为主，皮脆心软。

意式：样式多，橄榄形、棒形、半球形等。

德式：以黑麦粉为主要原料，多采用一次发酵法，面包酸度较大。以椒盐“8”字面包闻名。

俄式：大列巴，形状大而圆或梭子形，表皮硬而脆。

英式：多采用一次发酵法，发酵程度小。以复活节十字面包和香蕉面包闻名。

美式：以长方形白面包为主，松软、弹性足。

第二节　面包生产工艺

一、搅拌

面团搅拌俗称调粉、和面，是将原辅料按照配方用量，根据一定的投料顺序，调制成具有适宜加工性能面团的操作过程。它是影响面包质量的决定性因素之一。

（一）面包搅拌过程

根据面包团搅拌过程中面团的物理性质变化，将面团搅拌分为六个阶段。

1. 原料混合阶段

原料混合阶段又称初始阶段、拾起阶段。在这个阶段，配方中的干性原料与湿性原料混合，形成粗糙且湿润的面块。用手触摸面团时有些地方较湿润，有些地方较干燥，这是搅拌和水化不匀造成的。水化作用仅发生在表面，面筋没有形成。此时的面团无弹性、延伸性，表面不整齐，易散落。通常在这一阶段要求搅拌机以低速转动，使原辅材料逐渐分散，混合起来。在面团产生黏性之前，将原辅料充分分散、混合对面团搅拌是极其重要的。如果搅拌初始阶段搅拌机的转速太快，原辅材料未能充分分散，面粉就和水结合生成面筋，而致使与其他成分混合不匀。因此几乎所有面团最少都要低速搅拌 3 分钟。

2. 面筋形成阶段

面筋形成阶段又称卷起阶段。此阶段配方中的水分已经全部被面粉等干性原料均匀吸收，水化作用大致结束，一部分蛋白质形成面筋，使面团成为一个整体，并附在搅拌钩上，随着搅拌轴的转动而转动。搅拌缸的缸壁和缸底已不再黏附着面团而变得干净。用手触摸面团时仍会黏手，表面湿润，用手拉面团时无良好的延伸性，容易断裂，面团较硬且缺乏弹性。

3. 面筋扩展阶段

面筋扩展阶段，面团性质逐渐有所改变，随着搅拌钩的交替推拉，面团不像先前那么坚硬，有少许松弛，面团表面趋于干燥，且较为光滑和有光泽。用手触摸面团已具有弹性并较柔软，黏性减小，有一定延伸性，但用手拉取面团时仍易断。

4. 面筋完全扩展阶段

面筋完全扩展阶段又称搅拌完成阶段、面团完成阶段。此时面团内的面筋已充分扩展，具有良好的延伸性，面团干燥、柔软且不黏手。面团随搅拌钩的转动又会黏附在缸壁，但当搅拌钩离开时又会随钩而离开缸壁，并不时发出“噼啪”的打击声和“嘶嘶”的粘缸声。这时面团表面干燥而有光泽，细腻整洁无粗糙感。用手拉取面团时有良好的弹性和延伸性，面团柔软。面筋完全扩展阶段是大多数面包产品面团搅拌结束的适当阶段。对面团来说，此时的变化是十分迅速的，仅数十秒的时间就可以使面团从弹性强韧、黏性和延伸性较小的状态迅速转入弹性减弱、略有黏性、延伸性大增的状态。所以确切地把握住这一变化是制作优良面包的关键。判断面团是否搅拌到了适当程度，除了用感官凭经验来确定外，目前还没有更好的方法。一般来说，搅拌到适当程度的面团，可用双手将其拉展成一张像玻璃纸一样的薄膜，整个薄膜分布很平均，光滑无粗糙，没有不整齐的痕迹。同时，用手触摸面团表面感觉有黏性，但离开面团不会黏手，面团表面有手黏附的痕迹，但又很快消失。

5. 搅拌过度阶段

搅拌过度阶段又称衰落阶段。当面团搅拌到完成阶段后仍继续搅拌，面团开始黏附在缸壁而不随搅拌钩的转动离开。此时停止搅拌，可看到面团向缸的四周流动，面团明显地变得柔软及弹性不足，黏性和延伸性过大。在延展面团时，缺乏抗延伸力，拉成薄膜后，产生流散状的下垂现象。如将面团搓成小球状，置于玻璃板上，将迅速出现下坠现象，使黏着于板面上的面团直径迅速扩大，表现出较大的流散性。过度的机械作用使面筋超过了搅拌耐度，面筋开始断裂，面筋胶团中吸收的水分溢出。搅拌到这个程度的面团，将严重影响面包成品的质量。但不是处于搅拌过度阶段的面团就不再可能制成优质的面包。对付过强韧的面粉，用过度搅拌的手段还是有其作用，只要相应地延长静置时间，就可制出正常的产品。

6. 破坏阶段

越过衰落阶段，若继续搅拌，就会使面团结构破坏。面团呈灰暗并失去光泽，逐渐成为半透明并带有流动性的半固体，表面很湿，非常黏手，完全丧失弹性。当停机后，面团很快流向缸的四周，搅拌钩已无法再将面团卷起。由于面筋遭到强烈破坏，面筋断裂，面团中已洗不出面筋，用手拉取面团时，手掌中有一丝丝的线状透明胶质。搅拌到这个程度的面团，已不能用于面包制作。应当说明，面团经历的各个阶段之间并无十分明显的界限，要分辨不同品种掌握适宜的程度，这需要有足够的经验，才能做到应用自如。

（二）搅拌的功能

搅拌的功能有以下几点。

（1）使各原辅料充分分散和均匀混合在一起，形成质量均一的整体。

（2）加速面粉吸水胀润形成面筋的速度，缩短面团形成时间。

（3）扩展面筋，促进面筋网络的形成，使面团具有良好的弹性和延伸性，改善面团的加工性能。

（4）使空气进入面团中，尽可能地包含在面团内，并且尽量达到均匀分布的目的。

（5）使面团达到一定的吸水程度、pH 值、温度，提供适宜的养分供酵母利用，使酵母能够最大限度地发挥产气能力。

（三）搅拌不当对面包的影响

1. 搅拌不足

面团若搅拌不足，面筋未达到充分扩展，没有良好的弹性和延伸性，不能保持发酵时产生的二氧化碳气体，面包体积小，易收缩变形，内部组织粗糙，颗粒较大，颜色呈黄褐色，结构不均匀。面团表面较湿、发黏、硬度大，不利于整形和操作，面团表面易撕裂，使面包外观不规整。

2. 搅拌过度

面团搅拌过度，则表面过于湿黏，过于软化，弹性差，极不利于整形操作。面团搓圆后无法挺立，向四周摊流，持气性差。烤出的面包扁平，体积小，内部组织粗糙、孔洞多、颗粒多，品质差。

二、发酵

（一）发酵方法

发酵适度的面团称为成熟面团；未成熟的面团称为嫩面团；发酵过度的面团称为老面团。

面团发酵成熟度对面包品质影响很大。用成熟适度的面团制得的面包，体积大，皮薄有光泽，内部组织均匀，蜂窝壁薄呈半透明，有酒香和酯香味，口感松软，富有弹性。用成熟不足的嫩面团制得的面包，体积小，皮色深，组织粗糙，香味淡薄。用成熟过度的面团制得的面包，皮色浅，有皱纹，无光泽，蜂窝壁薄，有大气孔，有酸味和不正常的气味。

因此，准确判断面团的适宜成熟度，是发酵面团管理中的重要环节。判断面团成熟度的方法很多，常用的方法有以下几种：回落法、手触法、拉丝法、表面气孔法、嗅觉法、pH 值法。

（二）发酵的温度和湿度

一般理想的发酵温度是 27℃，相对湿度 75%。温度太低，因酵母活性较弱而减慢发酵速度，延长了发酵所需时间；温度过高，则发酵速度过快，且易引起其他不良影响。湿度低于 70%，面团表面由于水分蒸发过多而结皮，不但影响发酵，而且影响成品质量不均匀。适用于面团的相对湿度，应等于或高于面团的实际含水量，即面粉本身的含水量（14%）加上搅拌时加入的水量（60%）。面团发酵后，温度会升高。大约每发酵 1 小时，面团温度增高 1.1℃。因此，不同发酵方法要求面团的起始温度有所不同。

（三）发酵时间

面团发酵的时间不能一概而论，而要按所用的原料性质、酵母用量、糖用量、搅拌情况、发酵温度及湿度、产品种类、制作工艺（手工或机械）等因素来确定。通常情形是在正常环境条件下，鲜酵母用量为 3%（即发干酵母用量 1%）的中种面团，经 3～4 小时即可完成发酵。或者观察面团的体积，当发酵至原来体积的 4～5 倍时即可认为发酵完成。

（四）翻面

翻面是指面团发酵到一定时间后，用手拍击发酵中的面团，或将四周面团提向中间，使一部分二氧化碳气体放出，缩减面团体积。翻面这道工序只是一次发酵法才需要的。

（五）发酵的判断

面团的饧发程度主要根据经验来判别，常用的有三种方法。

1. 以成品体积为标准，观察生坯膨胀体积

可根据日常生产中积累的经验，预选设定面包的标准体积或高度，观察面团体积膨胀到面团成品体积的 80％时，即可停止饧发，另 20％的膨胀在烤炉内完成。如果面包坯的烘焙弹性较好，只需要达到 60％～75％就可以取出烘烤；而烘焙弹性差的面包坯要发到 85％～90％才算适度。

2. 以面包坯整形体积为标准，观察生坯膨胀倍数

如果烘烤后面包体积不能预先确定，以整形时的体积为标准。当生坯的膨胀度达到原来体积的 3～4 倍时，可认为是理想程度。

3. 以观察透明度和触感为标准

前两种方法都是以量为标准，这一种是以质为标准的检验方法。当面包坯随着饧发体积的增大，也向四周扩展，由不透明“发死”状态，膨胀到柔软、膜薄的半透明状态，用手触摸时，有越来越轻的感觉，用手指轻轻按压面包坯，被压扁的表面保持压痕，指印不回弹、不下落，即可结束醒发。如果手指按压后，面包坯破裂、塌陷，即醒发过度；如果按下后的指印很快弹回，即表明醒发不足。

三、整形

把发酵好的面团做成一定形状面包坯的过程叫做整形。整形包括分割、搓圆、中间饧发、造型、装盘或装模等工序。

一个品质良好的面包，除了要有适当的搅拌及发酵为基本条件，美观的外形也是一个完美面包所必须拥有的。整形过程中不仅要在造型上力求精致美观，同时还要在整个造型过程中做到快速仔细。因为面团完成了基本发酵，其发酵作用并未停止而在继续进行着，不会因整形而减缓，反而有所加快。为了使每个面包坯在整形步骤中的发酵程度能够一致，彼此间性质的差异减至最低，整形过程的每个动作都应在最短时间内完成，才能有效地控制面包品质。若操作时间过长，面团发酵过度导致面团老化，影响面团性质，严重时，面包的品质受损，使做出的面包前后品质差异很大。因此，时间控制是面团整形操作过程中最重要的工作。

（一）分割

分割是通过称量把大面团分切成所需重量小面团的过程。分割有手工分割和机械分割两种。手工分割是将大面团搓成（或切成）适当大小的条状，再按重量分切成小面团。手工分割比机械分割更不易损伤面筋，尤其是筋力弱的面粉，用手工分割比机械分割更适宜。机械分割是按照体积来分切而使面团变成一定重量的小面团，不是直接称量分割得到的。

（二）滚圆

搓圆又称滚圆，是把分割得到的一定重量的面团，通过手工或特殊的机器（搓圆

机）搓成圆形。分割后的面团不能立即进行造型，而要进行搓圆，其作用有以下几方面。

（1）使分割后不整齐的小面块变成完整的球形，为下一步的造型工序打好基础。

（2）分割后的面团，受切割处黏性较大，经搓圆形成的完整光滑表皮将切口覆盖，有利于造型操作的顺利进行。

（3）恢复被分割破坏的面筋网状结构。

（4）排出部分二氧化碳，便于酵母的繁殖和发酵。

搓圆分为手工搓圆和机械搓圆。手工搓圆的要领是用五指握住面团，用掌根向前推，然后四指并拢，指尖向内弯曲，轻微地向左右移动（左手向左，右手向右），使手掌内的面团稍有转动，重复前面的动作，使面团自然滚成圆形球状，当面团呈现光滑而结实后停止（如图 5-1 所示）。面团内部会因此丧失少许气体，面团体积缩小。机械搓圆是由搓圆机完成的。

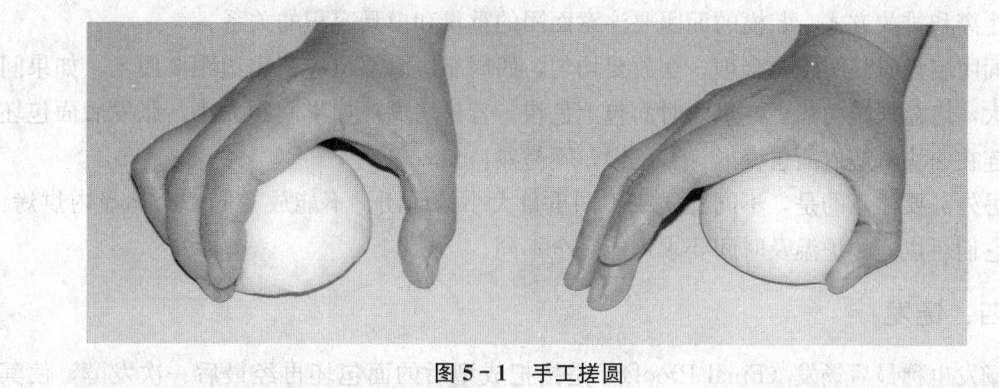

图 5-1 手工搓圆

（三）中间饧发

中间饧发亦称静置。面团搓圆后，一部分气体被排出，面团性质变得结实，失去原有的柔软性。此时的面团不易进行造型，表皮易被拉裂，必须给予一定时间的静置，使面团恢复柔软，才利于进行各项整形步骤。中间饧发虽然时间短，但对提高面包质量具有不可忽略的作用。中间饧发的作用有以下几个方面。

（1）使搓圆后的紧张面团，经中间饧发后得到松弛缓和，以利于后面工序的操作。

（2）使酵母产气，调整面筋的延伸方向，让其定向延伸，增加面团持气性。

（3）使面团的表面光滑，易于成型操作。

在标准的面包工厂里中间饧发一般在中间饧发箱中进行。中间饧发箱与面包搓圆机相连接，联合工作。通过调节控制中间醒发箱的温度和湿度，使面团不受外界环境影响及限制，得到充分松弛。生产量较小的面包厂或面包生产间大都没有中间饧发设备，可利用最后醒发室兼用，或置案台上表面覆盖塑料布，避免面包坯表面结皮。

中间饧发的温度以 27℃～29℃为宜，相对湿度 70%～75%，时间 10～20 分钟。温度过高会促使面团发酵过快，使得造型操作措手不及，面团发酵过度，迅速老化，持气性下

降；温度过低，醒发迟缓，延长中间饧发时间。若湿度过高，则会使面团表皮潮湿发黏，造型操作困难，过多的撒干面粉防黏，则会影响成品的外观；湿度过低，面包坯表面易结成硬壳，使面包造型粗糙，组织不均匀。膨胀不足，面包坯韧性强，成型时不易延伸；膨胀过度，成型时排气困难，压力过大易产生撕裂现象。中间饧发后的面包坯体积相当于中间饧发前体积的 0.7～1 倍时为适合。

（四）造型、包馅和装盘

面团经过造型之后，面包的花样和雏形都已固定，即可将已成型的面团放入烤盘和模具中，准备进入醒发室饧发。

面团装盘或装模时，先要对烤皿要进行清洁、涂油、预冷等预处理，还要考虑面团摆放的距离及数量，装模面团的重量大小等。

装盘与装模是面团放入烤盘或模具中的一个过程。面团装盘或装模后，还要经过最后饧发，因面团的体积会再度膨胀，为防止面团彼此粘连，所以面团装盘时必须注意适当的间隔距离和排放方式，装模的面团要注意面团的重量和模具容积的关系。

面团装盘时其间距要合理，摆放要均匀，四周靠边沿部位应留出边距 3 厘米。如果间距太大，烤盘裸露面积多，烘烤时面包上色快，容易烤煳；如果间距太小，胀发后面包坯易粘连在一块，造成面包变形，着色慢，不易熟。

另外需要注意的是，不同性质或不同重量大小的面团，不能放在同一个烤盘内烘烤，因为它们对烘烤的炉温及时间要求可能完全不同。

四、饧发

饧发也称最后饧发（Final Proof），是指把成型后的面包坯再经最后一次发酵，使其达到应有的体积与形状。

五、烘烤

烘烤即烘焙、焙烤，是面包变为成品的最后一道工序，也是关键的一道工序。在烤炉内热的作用下，生的面团变成松软、多孔、易于消化和味道芳香的诱人食品。

整个烘焙过程中，包括了许多复杂作用。在这个过程中，直至饧发阶段仍在不断进行的生物活动被终止，微生物及酶被破坏，不稳定的胶体变成凝固物体，淀粉、蛋白质的性质也由于高温而发生凝固变性。与此同时，焦糖、焦糊精、类黑色素及其他使面包产生特有香味的化合物如羰基化合物等物质生成。所以，面包的烘焙是综合了物理、生物化学、微生物学等反应的变化结果。

六、面包的生产方法

面包的生产制作方法有很多，采用哪种方法主要应根据设备、场地、原材料的情况甚至顾客的口味要求等因素来决定。所谓生产方法不同是指发酵工序以前各工序的不同，从整形工序以后都是大同小异的。目前世界各国普遍使用的基本方法共有五种，即一次发酵法、二次发酵法、快速法、基本中种面团发酵法、连续发酵法，其中一次发酵法和二次发酵法是最基本的生产方法。

（一）一次发酵法

一次发酵法又称为直接发酵法（Straight Dough Method），就是采用一次性搅拌和一次性发酵的方法。这种方法的使用最为普遍，无论是较大规模生产的工厂或面包作坊都可采用一次发酵法生产各种面包。

1. 次发酵法的特点

（1）缩短了生产时间，提高了劳动效率，生产周期为5～6小时。

（2）发酵时间较二次发酵法短，减少了面团的发酵损耗。

（3）只需一次搅拌和一次发酵，减少了对机械设备、劳动力和车间面积的占用。

（4）具有良好的搅拌耐力。

（5）具有良好的发酵风味。

（6）由于发酵时间短，面包体积比二次发酵法要小，并且容易老化。

（7）发酵耐力差，醒发和烘焙时后劲小。

（8）一旦搅拌和发酵出现失误，没有纠正机会。

2. 一次发酵法工艺

（1）搅拌：一次发酵法的搅拌时间一般为15～20分钟，搅拌后面团温度应为26℃。这样的面团在发酵过程中每小时平均升高1.1℃左右，经过约3小时的发酵，面团内部温度不会超过30℃，即使经过整形等工序后，面团内部也不会超过32℃，这样就可以避免产生酸菌的大量繁殖，保证没有不正常的酸味。

（2）发酵：搅拌后的面团应进入基本发酵室使面团发酵。理想发酵室的温度应为28℃，相对湿度75%～80%，盖发酵缸或槽的材料宜选择塑料或金属，不宜用布。这是因为如果布太干，则会吸去面团的水分，太湿则易引起面团表面凝结成一层薄膜。

（3）翻面：翻面后的面团，需要重新发酵一段时间，称之为延续发酵。此两段发酵的时间长短，依面粉性质、配方情况等而定。

3. 不翻面的一次发酵法

该方法与普通的一次发酵法基本相同，仅在发酵过程中不需要翻面处理。此方法适用于筋度较低的面粉，一般面粉蛋白质含量在10%～11.5%，或面筋质在30%～35%的较合适，而正常的一次发酵法的翻面处理适用于蛋白质含量在12.5%以上筋性较大的面粉。采用不翻面的一次发酵法时，配方中的水量要减少2%左右，搅拌时间也稍短，必须把面筋打至完成阶段，发酵时间3小时，待发酵中的面团顶部有自动回落的现象，及表示发酵成熟，可以进入整形工序。

（二）二次发酵法

二次发酵法又称中种发酵法或间接发酵法，即采用两次搅拌、两次发酵的方法。第一次搅拌的面团称为中种面团或种子面团。中种面团的发酵即第一次发酵称为基础发酵；第二次搅拌的面团称为主面团，主面团的发酵即第二次发酵称为延续发酵。

1. 二次发酵法的特点

（1）在中种面团发酵过程中，面团内的酵母有充足的时间进行繁殖，所以配方中的酵母用量较一次发酵法节省20%左右。

（2）用二次发酵法生产的面包，一般体积比一次发酵法的要大，而且面包内部结构与组织均较细密和柔软，发酵风味浓，香味足，发酵耐力好，后劲大，面包不易老化，储存保鲜期长。

（3）一次发酵法的工作时间固定，面团发好后须马上分割整形，不可稍有耽搁，但是二次发酵法发酵时间弹性较大，第一次搅拌发酵不理想时或发酵后的面团如遇其他事故不能立即操作时，可在第二次搅拌和发酵时补救处理。

（4）二次发酵法需要较多的劳力来做二次搅拌和发酵工作，需要较多和较大的发酵设备和场地，投资较大。

（5）二次发酵法的搅拌耐力差，发酵损耗大。

2. 二次发酵法工艺

（1）普通二次发酵法工艺，其可分为以下两个步骤。

①中种面团搅拌与基础发酵：将中种面团配方中的原料全部放入搅拌缸中，慢速搅拌2分钟，中速搅拌2分钟，搅拌至面筋形成阶段即可。中种面团的搅拌时间不必太长，也不需要面筋充分形成，其主要目的是扩大酵母的生长繁殖，增加主面团和醒发的发酵潜力。中种面团通常不加盐，使面团发酵很充分。搅拌后面团温度24℃～26℃。将搅拌后的中种面团放入醒发室发酵4～6小时。醒发室温度26℃，相对湿度75%～80%。观察中种面团是否发酵完成，可由面团的膨胀的膨胀情况和手拉扯面团的筋性等来决定。面团发酵成熟的判断方法参照发酵工艺部分。

发好的面团体积为原来的4～5倍，面团表面干爽，面团内部有规则的网状结构，并有浓郁的酒香。完成发酵后的面团顶部与缸侧齐平，甚至中央部分稍微下陷。用手拉扯面团，如果轻轻拉起时很容易断裂，表示面团完全软化，发酵已完成；如果拉扯时仍有伸展的弹性，则表示面筋尚未完全成熟，还需继续发酵。

②主面团的搅拌和延续发酵：将主面团配方中的水、糖、蛋、盐、添加剂放入搅拌缸中搅拌均匀，然后放入发酵好的中种面团搅匀，再加入面粉、奶粉搅拌至面筋形成，加入油脂搅拌至面团完成阶段。搅拌时间为12～15分钟。

主面团搅拌后进行延续发酵，其主要作用是缓解刚搅拌好的面团面筋的韧性，使面团得到充分松弛，便于整形操作。主面团延续发酵的时间必须根据中种面团和主面团面粉的使用比例来决定，原则上比例为85∶15（中种面团85%，主面团15%）需延续发酵15分钟，75∶25的则需25分钟，60∶40的需40分钟。面团经过延续发酵后即可进行分割整形。

（2）100%中种面团发酵法：将配方中的面粉全部加入中种面团部分的二次发酵法称为100%中种面团发酵法。用此方法制得的面包具有良好的柔软度和风味，香味充足。

（三）快速发酵法

快速发酵法，是在极短的时间内完成发酵甚至没有发酵的面包加工方法。整个生产周期只需 2～3 小时。这种工艺方法是在欧美等国家发展起来的，通常是在特殊情况或应急情况下需紧急提供大量面包时才采用的面包加工方法。

1. 快速发酵法的特点

（1）生产周期短，效率高，产量高。

（2）节省设备、劳力和场地，降低能耗和维修成本。

（3）发酵损耗很少，提高了出品率。

（4）面包发酵风味差，香气不足。

（5）面包老化快，储存期短，不易保鲜。

（6）不适宜生产主食面包，较适宜生产高档的点心面包。

（7）需使用较多的酵母、改良剂和保鲜剂，并且用料较多、较高，故成本大，价格高。

2. 快速发酵法工艺

根据快速发酵法原理，可以将不同的面包发酵方法改变为快速发酵，以适应某些特殊情况的需要。

（1）普通一次发酵法改为快速一次发酵法。

①配方应做的调整

A. 将配方中的水量照正常法减去 1%。

B. 酵母用量较正常法增加 1 倍。

C. 配方中糖量减少 1%。

D. 面包改良剂与麦芽粉可酌量增加，但不超过正常的 1 倍。

E. 下列原料可照实际情况增减，但非必须。

盐：可略减少。

奶粉：可减少 1%～2%。

醋酸：可使用 1%～2%，促进面筋软化。

②搅拌阶段应注意事项

A. 搅拌后面团温度为 30℃～32℃，加速发酵。

B. 搅拌时间较正常法延长 20%～25%，搅拌至稍为过头，使面筋软化以利于发酵。

③基本发酵

面团搅拌后应使发酵 15～40 分钟，发酵室温度 30℃，相对湿度 75%～80%。若是无发酵的快速法，则需加重面团成熟剂的用量，面团不需经过基本发酵。

④最后醒发

应比正常的最后醒发时间缩短 1/4，即 30～40 分钟。

⑤烘焙

烘烤时增加烤炉湿度，有利于增加面包的烘焙急胀。

（2）普通二次发酵法改为快速二次发酵法。

①配方应做的调整

A. 中种面团和主面团的面粉比例为 80∶20。

B. 面团留 10%的水，其余的水全部加在中种面团中。

C. 酵母用量增加 1 倍。

D. 面包改良剂、盐、奶粉和醋酸的使用与快速一次发酵法相同。

②搅拌阶段应注意事项

A. 搅拌后中种面团温度 30℃～32℃，搅拌均匀即可。

B. 面团搅拌后温度也为 30℃～32℃，搅拌时间较正常法延长 20%～25%，搅拌至稍为过头。

③基本发酵

搅拌后的中种面团应置于搅拌缸内最少发酵 30 分钟，时间长则更理想。发酵室温度 30℃，相对湿度 75%～80%。

④最后醒发

醒发时间应比正常中种法缩短 1/4，30～45 分钟，最后醒发室温度 38℃，相对湿度 80%～85%。

第三节　面包制作实例

一、面团

（一）直接法

1. 原料

高粉 1000 克，酵母 10 克，面包改良剂 3 克，鸡蛋 120 克，糖 220 克，盐 10 克，奶粉 40 克，牛奶香粉 10 克，水 500～600 克，牛油 100 克。

2. 制作过程

（1）材料入缸：先放水、糖、鸡蛋搅拌，糖融化后加入高粉、酵母、面包改良剂、奶粉、香粉，用低速开始搅拌。

（2）拾起阶段：搅拌至拾起阶段，将速度改成中速（拾起阶段的面团，呈粗糙而无弹性及延展性）。

（3）卷起阶段：继续搅拌至卷起阶段（此时水分全部被面粉吸收，面筋开始成型，以双手拉面团时易断裂，而且无良好的延展性）。

（4）扩展阶段：搅拌至扩展阶段，加入牛油和盐（扩展阶段的面团较为光滑有弹性，但用手拉面团仍然易断裂）。

（5）完成阶段：搅拌至完成阶段（此阶段的面团因面筋已充分扩展，具有良好的伸展性及弹性，以双手拉开面团会呈光滑的薄膜状）。

（6）搅打好的面团让其在温度28℃、湿度85%的环境下，醒发约30分钟整形即可。

（二）中种法

1. 原料

（1）中种面团：高筋面粉136克，低筋面粉34克，水85克，干酵母4克，面包改良剂1克。

（2）主面团：高筋面粉34克，低筋面粉8.5克，水12.5克，盐2克，糖38克，全脂奶粉12.5克，全蛋液21克，黄油21克（黄油需先放置室温至软化）。

2. 制作过程

（1）制作中种面团：拌匀所有材料（无须揉得很光滑，用手揉成一团即可），盖上盖子，放室温26℃左右的环境中发酵2～3个小时，面团拉起来底下有丝的样子。

（2）中种面团发酵完成后，撕成小块，加入主面团材料，用揉面工具揉出筋膜至扩展阶段，再盖上盖子，室温发酵25分钟左右至2倍大。排气、分割成六等份并分别滚圆，盖上保鲜膜（或湿毛巾）松弛15分钟。后擀平卷起来，排放在铺了高温不沾布的烤盘上，置于温暖的地方（38℃左右），加一杯热水增加湿度，最后发酵40分钟至2～3倍大。

（3）烤箱预热210℃，发酵好的面包上刷全蛋液，入烤箱中层，温度调为200℃，烤15～20分钟，顶部上色过深可盖锡纸至烤熟。

（4）取出的面包，晾到比较凉，就需要密封包装起来，防止老化。

这个面包本身并不会很甜，咸的或者甜的馅料都很搭配。这是基础的甜面包面团，可以结合不同的整形方式，做出各种各样的面包来。

中种发酵法是以长时间的发酵来寻求更好的面包风味的方法。而且，长时间的发酵，让水和面粉有充分的时间结合，形成面筋，这样揉面也更容易达到扩展完全的阶段。

（三）快速法

快速法制作面包所使用的原材料以及制法与直接法相同，不同的是快速法搅打好的面团可以马上整形不用醒发。

二、甜面包的制作实例

（一）小甜包（如图5-2所示）

1. 原料

高筋粉250克，蜂蜜30克，奶粉10克，盐2.5克，酵母2.5克，水150克，黄油20克。

2. 制作过程

（1）少许温水加入蜂蜜搅拌均匀放凉备用。

（2）面粉中加入除黄油以外的材料揉成团，加入黄油继续揉至光滑有薄膜至扩展阶段。

（3）放入温暖处发酵到2倍大。

（4）分割滚圆成25克/个，松弛20分钟。

图 5-2　小甜包

（5）用手搓成圆形。

（6）放入温暖处发酵至 2 倍大，刷上过滤好的蛋液。

（7）烤箱中层，180℃上下火烘烤 18 分钟。

3. 风味特点

色泽金黄，口味甜香。

4. 技术关键

（1）面剂要搓紧、搓实。

（2）掌握好烤制时间。

（二）台式菠萝包（如图 5-3 所示）

1. 原料

（1）面团材料：高筋面粉 240 克，低筋面粉 60 克，砂糖 40 克，酵母粉 6 克，全蛋液 30 毫升，水 135 毫升，盐 3 克，奶粉 9 克，奶油 45 克。

图 5-3　台式菠萝包

（2）菠萝皮材料：奶油 80 克，全蛋液 50 毫升，盐 1 克，香草精少许，糖分 50 克，奶粉 5 克，低筋面粉 150 克。

2. 制作过程

（1）面团制作

①面粉中加入除黄油以外的原料搅制成团，加入黄油继续搅至面筋扩展阶段。

②面团搅好后，于 28℃左右的环境中发酵 1 小时。

③发酵到 2.5 倍大，用手指沾面粉戳一个洞，洞口不会回缩即可。

④发酵好面团排气后分割 50 克一个剂量，滚圆放入烤盘，中间发酵 15 分钟。

（2）菠萝皮制作

①取一个大盆并放入回软奶油，搅拌成泥状。

②加入过筛后的糖粉搅拌均匀。

③加入盐、奶粉搅匀，再滴入香精。

④分 3 次加入全蛋液体，然后搅拌均匀。

⑤加入过筛的低筋面粉用橡皮刮拌匀。

⑥在桌上撒上干面粉，取出做好的面团搓成长条，25 克一个剂量。

（3）成型与烘烤

①双手沾少许的高筋面粉，再将菠萝皮放在手上将面条包入，菠萝印在菠萝皮上压出花纹。

②包好后放置烤盘中，湿度控制在 75%，25℃以上的环境下做最后的发酵 40～50 分钟。

③在发酵好的面包坯刷上一层全蛋液，在室温下放置 2 分钟后放入预热好的烤箱，170℃烤 10 分钟，再将温度调至 150℃烤 5 分钟即可。

3. 风味特点

形似菠萝，口感酥香。

4. 技术关键

（1）掌握好面团的搅打的时间。

（2）掌握好面团与菠萝皮的比例，包裹严实。

（三）毛毛虫面包（如图 5－4 所示）

1. 原料

（1）面团原料：高筋粉 950 克，牛油香 10 克，低筋粉 50 克，面包改良剂 3 克，酵母 8 克，砂糖 200 克，食盐 10 克，奶粉 40 克，鸡蛋 100 克，清水 500 克，牛油 100 克。

（2）装饰糊料：

A. 清水 250 克，色拉油 75 克，酥油 75 克；

B. 高筋粉 100 克，“银谷”即溶吉士粉 30 克；

C. 鸡蛋 4 个。

图 5－4　毛毛虫面包

2. 制作过程

（1）装饰糊：

①将 A 料煮开，加入 B 料煮大半熟。

②将熟面糊倒入搅拌机中快速搅拌至冷却。

③以快速分次慢慢加入 C 料打匀，再搅拌均匀即可。

（2）面团：

①将面粉、改良剂、酵母、砂糖、食盐和奶粉一起放入缸中。

②再加入鸡蛋、清水慢速搅拌均匀，至无干粉。

③加入油脂先用慢速搅拌 1 分钟，再用快速搅拌 2 分钟，再改中速搅拌约 8～9 分钟至面筋充分扩展，然后用慢速再搅拌 1 分钟完成。

（3）成型：发酵—排气—松弛—整形—饧发—挤上毛毛虫馅料—烘烤。

（4）烘烤：烘烤时间 5 分钟，温度上火 190℃，下火 190℃（也可在面包表面划道口，挤上奶油或撒上肉松）。

3. 风味特点

形似毛毛虫，口感香甜。

4. 技术关键

（1）装饰糊要放在冰箱里冷藏备用。

（2）掌握好烤制时间。

（四）芝士火腿包（如图 5－5 所示）

1. 原料

高筋面粉 150 克，鸡蛋 25 克，火腿肠 1 根，牛奶 70 克，盐 1 克，黄油 15 克，酵母 3 克，白糖 10 克，芝麻少许，鸡蛋液少许。

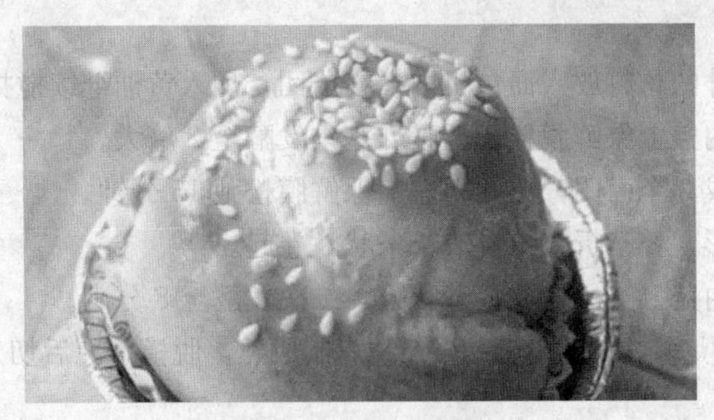

图5-5 芝士火腿包

2. 制作过程

(1) 所有材料除黄油外搅拌成团后，放入黄油揉至扩展阶段，发酵至2倍大，取出。

(2) 分成4份，取一份擀长，再卷起，醒5分钟。

(3) 再擀长，上面放入火腿条和奶酪条，再卷起。

(4) 从中间切开，一分为二，切面放入纸模中，饧10分钟。

(5) 上面刷鸡蛋液，撒芝麻，烤箱170℃预热后，第二层20分钟成熟。

3. 风味特点

奶香浓郁，口感松软。

4. 技术关键

(1) 奶酪条不能长，长了烤的时候会流出来，颜色发黑。

(2) 内馅的选择也可以用豆沙，椰蓉等甜馅。

(五) 甜奶吐司 (如图5-6所示)

1. 原料

高筋面粉340克，低筋面粉80克，鸡蛋50克，糖60克，盐5克，水220克，黄油40克，酵母5克。

图5-6 甜奶吐司

2. 制作过程

(1) 除黄油以外的材料放入面包机内搅拌成团，加入黄油继续搅拌至光滑有薄膜。

(2) 放于容器内盖上保鲜膜置于温暖处基本发酵至2倍大。

(3) 均匀分割成3个面团，滚圆；盖上保鲜膜松弛15分钟。

(4) 擀成椭圆形，叠三折，再擀成长条状，卷起。

(5) 放入模具内盖上土司盖放置温暖处，二次发酵至8分满。

(6) 在180℃的烤箱中放置35～40分钟烤制成熟，脱模，凉后切片配果酱食用。

3. 风味特点

口感绵软，组织细密。

4. 技术关键

(1) 掌握好面团入模以后的发酵时间。

(2) 成熟后要及时脱模，以免体积缩小。

(六) 夏威夷面包（如图5-7所示）

1. 原料

A. 汤种面团：即食土豆屑（土豆泥亦可）10克，水70克；

B. 高筋面粉250克，糖30克，盐5克，奶粉20克，全蛋液20克，柠檬汁10克，菠萝汁70克，面包机酵母10克；

C. 无盐黄油18克。

2. 制作过程

(1) 汤种：用一小锅，放土豆屑和水，开火，不断搅拌，煮成糊状，盛起，容器口盖

图5-7 夏威夷面包

上薄膜，冷却至室温，再放入冰箱1小时。

（2）面团：

①将汤种倒入面包搅拌机的碗内，再加材料B，搅拌材料能成面团。

②加放黄油，继续搅拌成延展性面团，揪一大块面团拉开能成一片大膜。

③将面团放入容器或留在搅拌机的碗中，盖上薄膜，在温暖环境中发酵80分钟进行第一次发酵；将发酵过的面团揉搓一小会排出气泡，再分成三等份，盖上薄膜，静置25～30分钟。

（3）整形：

①将面团滚圆，再搓成长条，然后擀成长椭圆状，尽量将两端拉平，宽约小于面包模的宽度。

②从一端卷起一直卷至尾，然后捏好收口，在案板上滚至卷的长度与面包模的宽度一致。

③卷好后将第一卷横放在模的中间。

④做好剩下两卷放两边，叫做先中间后两边。

⑤面包模盖上盖子或用薄膜盖住，放在温暖的环境中发酵至九成满左右，1.5～2小时，刷上蛋液，放入预热好的烤箱。

⑥温度180℃烤制大约30分钟，成熟后脱模，晾凉食用。

3. 风味特点

口感甜软、细腻。

4. 技术关键

（1）掌握好面团入模以后的发酵时间。

（2）成熟后要及时脱模，以免体积缩小。

（七）巧克力面包（如图5-8所示）

1. 原料

高粉250克，糖30克，盐1克，酵母2.5克，可可粉8克，黄油20克，水100克，鸡蛋1个，杏仁馅适量。

2. 制作过程

（1）除黄油外，所有材料揉成光滑面团，再加入黄油揉成可拉出筋膜的面团，发酵至2倍大，排气后分成等份小面团，滚圆静置10分钟。

（2）取一份面团擀开呈椭圆形，放入杏仁馅，收口揉成圆形。

（3）依次做好盖上保鲜膜第二次发酵25分钟。

（4）刷蛋液，烤箱预热至190℃，烤15～20分钟即好。

3. 风味特点

形态圆整，巧克力风味浓郁。

4. 技术关键

（1）包入馅心后，收口要收紧收严，以防烤制时露馅。

（2）掌握好烤制时间。

图 5-8　巧克力面包

(八) 卡仕达面包（如图 5-9 所示）

1. 原料

(1) 卡仕达馅料：高筋面粉 180 克，鸡蛋黄 3 个，牛奶 250 克，低筋面粉 25 克，酵母（干）3 克，鸡蛋 20 克，奶酪适量，食盐 3 克，白糖 105 克，水 70 克，黄油 30 克。

(2) 面团原料：高筋粉 540 克，糖 60 克，盐 9 克，干酵母 9 克，鸡蛋 60 克，水 210 克，黄油 60 克。

图 5-9　卡仕达面包

2. 制作过程

（1）卡仕达酱：

①蛋黄加糖搅匀。

②放入低筋粉搅匀。

③将煮至微沸的牛奶，慢慢加到面糊中，边加边搅拌。

④牛奶全部加完后过筛。

⑤小火加热面糊，边加热边搅拌直到面糊变得浓稠就算完成了。

⑥做好的卡仕达酱盛出放凉备用，吃不完的卡仕达酱可以冷藏，但是尽快吃完为好。

（2）面包体：

①除黄油外所有原料放入面包桶中。

②搅拌成光滑面团后加黄油继续搅拌至完成。

③面团放入盆中放温暖处发酵至2倍大。

④手沾面粉在面团中央戳个洞，面团不回缩即发酵完成。

⑤取出面团排气滚圆，松弛15分钟。

⑥松弛过后将面团擀成大的面皮，厚度约3厘米。

⑦面皮均匀抹上卡仕达酱。

⑧撒上牛油酥粒。

⑨面皮由一边小心卷起。

⑩面皮卷成卷，分切成6段。

⑪放入8寸梅花慕斯圈里（慕斯圈要提前抹上黄油或者包上锡纸），放温暖处最后发酵。

⑫面团发酵将模具填满即可，表面刷蛋液，撒上酥粒，180℃炉温烤25分钟。

3. 风味特点

奶香浓郁，形态整齐。

4. 技术关键

（1）制作卡仕达酱的时候火候不能过大，以免出现焦煳现象。

（2）烤制时火候不宜过高。

（九）雪山咖啡包（如图5－10所示）

1. 原料

（1）面包皮：高筋面粉500克，鸡蛋1只，糖100克，依士粉（即酵母）4克，盐4克，黄油30克，奶油20克，水230克左右。

（2）雪山皮：面粉500克，糖500克，风车牌白牛油500克（由于其成本较高，可改用无盐黄油，但没有白牛油来得细腻洁白，图5－10中所用的为黄油），猪油500克，鸡蛋清4个。

（3）馅料：速溶咖啡2包约25克，糖400克，玉米淀粉220克，奶油200克，三花淡奶240克，鸡蛋3只，水600克。

图 5-10　雪山咖啡包

2. 制作过程

（1）面包皮：所有原料加水搅拌，搓至上劲，静置略饧，搓条下剂，擀成皮。

（2）雪山皮：白牛油、糖、猪油和匀，加入蛋清，最后拌入面粉拌匀待用。

（3）馅料：将除水外的其余料过筛后充分拌和均匀，入敞口盛器中；将盛器放在蒸锅的箅子上，然后慢慢将水倒入盛器中拌和，底下一边加热，一边用筷子隔一会搅几下，使得油脂和粉料全部融合，搅成糊状；再上旺火蒸 10 分钟，取出趁热搅拌均匀即可。

（4）成品：将制好的面包皮分割成 30 克一块的皮，包入咖啡馅，收口向下，入烤盘，静置待饧 1 小时后，用裱花袋把雪山皮浆由里向外一圈圈均匀挤在面团上，用 220℃炉温烤 10 分钟即可。

3. 风味特点

口味香甜，外皮酥脆。

4. 技术关键

（1）掌握好皮馅的比例，收口要收严收紧。

（2）掌握好火候和烤制时间。

（十）蜂蜜排包（如图 5-11 所示）

1. 原料

（1）中种面团：高筋面粉 150 克，牛奶 110 克，细砂糖 10 克，即发干酵母 3 克。

（2）主面团：高筋面粉 120 克，全脂奶粉 20 克，蛋液 45 克，淡奶油 20 克，牛奶 25 克，细砂糖 70 克，盐 2 克，香草精 1 克，黄油 25 克，蜂蜜 50 克。

2. 制作过程

（1）将中种面团所需材料全部倒到盆里，和成面团，放入冰箱冷藏一夜，使面团发酵至原来的 3～4 倍大。

（2）主面团中除黄油外的其他材料倒到盆里，和发酵一夜的中种面团揪成的小块混合

图 5-11 蜂蜜排包

均匀，揉成一个面团。

(3) 当面揉光滑后把黄油揉到面里，继续摔打揉搓面团，一直到面团很光滑，可以拉出透明的薄膜，不容易破，即使破了边缘也是光滑的，即完全阶段。

(4) 把面团保鲜膜放到温暖的地方进行第一次基本发酵（28℃左右，1.5 小时就好）；待面团醒发到原来的 2 倍大的时候，用食指沾干粉穿到底，如果指孔没有回缩，表示已经发好；把面团压扁排气，然后平均分割成 12 份，每份约 50 克，滚圆，盖上保鲜膜中间发酵 15 分钟（室温）。

(5) 中间发酵过后，进行整形，擀成椭圆形薄片，像做土司一样，翻面三折，擀平，卷起面片的两端往里卷成一个实实的卷，排入比萨盘，面团间留出空隙；依次做好所有后，将比萨盘送入烤箱，进行最后发酵，约 30 分钟（最后发酵的温度为 38℃左右，可以利用烤箱的发酵功能，如果没有发酵功能，可以在烤箱底层放碗热水，水凉了后可以更换，也可以起到保温的作用）。

(6) 最后发酵好的面团表面刷混合蛋液（混合蛋液是一半水一半蛋液调成的），烤箱 170℃预热，上下火大约 20 分钟至表面上色即可出炉。

3. 风味特点

甜香可口，形态整齐。

4. 技术关键

(1) 掌握面团的发酵时间。

(2) 掌握好烤制的火候和烤制时间。

三、咸面包的制作实例

(一) 咸方包 (如图 5-12 所示)

1. 原料

(1) 中种面团：高筋粉 200 克，细砂糖 10 克，酵母 4 克，温水 (35℃) 200 克。

(2) 主面团：高筋粉 800 克，细砂糖 180 克，改良剂 10 克，酵母 8 克，奶粉 30 克，牛奶香粉 8 克，鸡蛋 120 克，水 240～280 克，酥油 100 克，盐 10 克。

2. 制作过程

(1) 中种面团：将所有原料混合放入盆中，搅成面糊，放入饧发箱 (38℃) 饧发 1 小时。

(2) 主面团：

①将高筋粉、细砂糖、改良剂、酵母、奶粉、牛奶香粉混合搅拌均匀，加入中种面团、鸡蛋、水搅拌成有筋度面团，加入酥油、盐慢速搅拌均匀，快速搅打出面筋膜。

②静置 10 分钟，分剂 100 克，擀长片卷直筒形。

③一个为一组放入涂抹黄奶油的模具内，入饧发箱饧 1 小时至模具 8 分满，即可烘烤，着色后将模具翻面。

图 5-12 咸方包

(3) 烘烤：上火 170℃，下火 170℃，时间 38 分钟。

3. 风味特点

色泽金黄，组织细腻，口味咸鲜。

4. 技术关键

(1) 中种面团搅拌成团即可，面团要充分搅拌至面筋扩展，搅拌不足，面包烤出来后，会有面筋拉断的痕迹。

(2) 面团发酵 8 分满即可，发酵过度，烤制出来的面团会溢出来。

(3) 在烘烤的过程中，不可轻易地打开模具，因为面团在烘烤过程中会急剧膨胀，面团容易溢出。

(4) 若是面包从烤箱取出时，模具盒盖很难开启，说明烘烤时间不足。

(二) 法式长棍面包 (如图 5-13 所示)

法式长棍面包是一种最传统的法式面包。法国面包的代表就是"棍子面包"，原意是长条形的宝石。法式长棍面包的配方很简单，只用面粉、水、盐和酵母四种基本原料，通常不加糖、乳粉，不加或几乎不加油，小麦粉未经漂白，不含防腐剂。在形状上、重量上也统一为每条长 76 厘米，重 250 克，还规定斜切必须要有 7 道裂口才标准。

1. 原料

面粉 1000 克，干酵母 8 克，食盐 20 克，面包改良剂 10 克，面团添加剂 20 克，水 560 克。

图 5-13 法式长棍面包

2. 制作过程

(1) 将所有材料放入搅拌，温度在 26℃～27℃。法式面团要控制搅拌时间，面筋不必完全扩展。

(2) 面团基本发酵 60 分钟，温度设定 28℃，湿度 40%。

(3) 分割滚圆后面团松弛 30 分钟。

(4) 棍状面包的长度一般为 55 厘米左右，接缝处放入法棍烤盘。

(5) 面团最后饧发 60 分钟左右。

(6) 发酵好的面团需割刀后再烘烤，预热好后往炉内壁喷水，使烤炉内产生蒸汽，就可以开始烘烤，210℃放下层，25～30 分钟。

3. 风味特点

表皮松脆，内心柔软而稍具韧性，越嚼越香。

4. 技术关键

(1) 中间饧发的时间一定要足，否则面团松弛不够，影响后面的造型和饧发。

(2) 最后饧发过程中，饧发箱的温度不能太大，否则面团表面划口时，容易粘刀。

(3) 刚开始烘烤的 20 分钟内，禁止随意开烤箱，否则烤箱中蒸汽丧失，影响面包表面的脆裂程度。

四、硬质面包的制作实例

(一) 农夫面包 (如图 5-14 所示)

1. 原料

高筋粉 500 克，盐 10 克，酵母 10 克，水适量。

2. 制作过程

(1) 干酵母和温牛奶混合均匀，拌入高粉。

(2) 将搅打表面光滑的面团，放在无风温暖处发酵 90 分钟。

图 5-14 农夫面包

（3）当面团长到2～3倍时，拿出面团击出气体，分成2个面团，滚圆盖湿布松弛15分钟，定型，再发酵50分钟。

（4）在面团表面划几道，烤箱预热180℃，将面团放入烤30分钟。

3. 风味特点

表皮松脆，内心柔软而稍具韧性。

4. 技术关键

（1）掌握好面团发酵时间。

（2）掌握好烤制时间。

（二）大列巴（如图5－15所示）

大列巴就是大面包，这种面包巨大，比普通的盘子还要大，堪称黑龙江第一大面包，也被称为哈尔滨一绝，大列巴是以面粉、酒花、食盐为主要原料，按俄罗斯传统工艺精制而成。外表为圆形，有五斤重，是面包之冠。味道也别具芳香，具有传统的欧洲风味。出炉后的大列巴，外皮焦脆，内部松软，香味独特，又宜存放，是老少皆宜的方便食品。

1. 原料

高筋粉500克，全麦粉500克，鲜酵母20克，精盐10克，植物油30克，鸡蛋2个，啤酒300克。

2. 制作过程

（1）两种面粉加盐混拌均匀。

（2）鲜酵母用温热水化开，掺入面粉充分揉匀成面团，用湿布盖住，置温暖处发酵30～60分钟至体积增倍。

（3）取出面团置面板上，轻揉约5分钟，作面包生坯，摆于烤盘上（烤盘要涂油防粘或垫一层烤纸），再发酵约15分钟。

图5－15 大列巴

（4）烤箱预热至200℃，面包坯表面刷鸡蛋浆，置于中层，烤15～20分钟即成。

3. 风味特点

外皮焦脆，内部松软，香味独特，又宜存放。

4. 技术关键

（1）掌握好面团的醒发时间。

（2）掌握好烤制时间。

五、起酥面包的制作实例

（一）丹麦牛角包（如图5-16所示）

1. 原料

水120克，酵母8克，鸡蛋50克，高筋面粉240克，低筋面粉60克，砂糖20克，盐5克，黄油50克，裹入用黄油200克，牛奶150克，蛋黄液适量。

2. 制作过程

（1）牛奶煮沸，冷却至温热，加入酵母搅拌均匀至酵母化开，成酵母水。鸡蛋在碗中打散。

（2）将高筋面粉、低筋面粉、盐、白砂糖、软化黄油（25克）混合，加入蛋液（留出10克蛋液刷表面用）和酵母水，搅拌均匀，揉成一个面团，稍有筋度即可。

（3）将和好的面团用保鲜膜包好，进行基本发酵。

（4）将100克黄油放入保鲜袋中，用擀面杖擀成长方形，放入冰箱冷藏室待用。

（5）发酵好的面团擀成长方形的面片，长度是黄油片的3倍，宽度比黄油片略宽。

（6）将黄油片放在面片中央，将两边的面片向中央折起包住黄油片，然后将上下两端捏紧。

（7）将做法（6）折好的面片再次擀成长方形。

（8）将折好的面片放回冰箱冷藏室冷藏松弛20分钟。

图5-16 丹麦牛角包

(9) 20 分钟后从冰箱取出面片，重复做法（6）、(7)、(8) 的步骤。

(10) 再次重复做法（7)、(8)、(9) 的步骤，完成最后一次三折。

(11) 将折好的面片擀成厚 0.4 厘米、宽 10 厘米、长 20 厘米的面片，然后用刀切成底边长 8 厘米的等边三角形。

(12) 用刀在三角形面片底边中央的位置切一刀，将两边向上翻起，慢慢向上卷起，快卷至顶部的时候在面片小尖的地方刷上蛋液，然后全部卷起，卷成牛角状的面包坯。

(13) 将卷好的面包坯码入烤盘中，面包坯与面包坯之间要留出一定的间隔，盖上保鲜膜，进行最后发酵。

(14) 给发酵好的面包坯表面刷上蛋液。

(15) 烤箱预热后，将烤盘移入烤箱，以 200℃火力烘烤 12 分钟。

3. 风味特点

酥松香醇，油而不腻，造型美观，口味独特。

4. 技术关键

(1) 面团进行基本发酵时，可以在室温下进行，也可以将面团放入冰箱，进行低温发酵，时间为 6～12 小时。

(2) 面团擀制时容易回缩，遇到面团回缩时不要勉强擀，以免面皮破裂、漏油，应将面团放置进行适当松弛后再擀。

(3) 如果在擀制的过程中遇到漏油的问题，可以撒适量面粉，继续进行。

(4) 烤焙的温度对于这款面包十分重要。温度过低，会影响面包分层起酥；过高，面团太快定型，也会影响面包的起酥与体积。200℃是最佳温度。但如果发现在这个温度下表面容易烤煳，可以在面团充分膨起后，再把温度调低。

(二) 果酱丹麦酥（如图 5－17 所示)

1. 原料

面粉 300 克，黄油 20 克，细砂糖 5 克，牛奶 30 克，水 110 克，片状玛琪琳 180 克，果酱少量，粗砂糖少量。

2. 制作过程

(1) 面粉、黄油、细砂糖、水混合拌成面团，揉至面团表面光滑均匀，用保鲜膜包起面团醒 20 分钟。

(2) 片状玛琪琳放入保鲜袋，用擀面杖按压敲打，擀至 0.5 厘米薄，和面团软硬度差不多。

(3) 把饧好的面团擀成 0.5 厘米薄的面饼，大小是玛琪琳的 3 倍。

(4) 将擀薄的玛琪琳放在中间，面片三折均匀裹住，捏住四个边，用擀面杖敲打面片表面，再次擀薄至 0.5 厘米。

(5) 四折，折好后面片开口朝外，敲打表面擀薄。

(6) 再四折，折好后用保鲜膜包好放冰箱 20 分钟。

(7) 拿出面片敲打，擀薄，然后三折。

图 5-17　果酱丹麦酥

(8) 擀成薄面片。

(9) 将面皮切成长宽为 7×7 厘米的正方形若干。

(10) 用擀面棍再将其擀至长宽为 9×9 厘米的正方形。

(11) 将面皮对折，两边划两刀，不要切断。

(12) 打开面皮，将两边互相折叠，整理成型，表面刷上蛋液，烤箱预热 200℃，烤制 25 分钟，出炉后加上草莓果酱，点缀一下。

3. 风味特点

口感酥软，层次分明，奶香味浓，质地松软。

4. 技术关键

掌握好形态和烤制时间。

(三) 手撕包 (如图 5-18 所示)

1. 原料

面包粉 380 克，低筋面粉 120 克，即发干酵母 10 克，细砂糖 50 克，盐 15 克，蛋 75 克，水 205 克，黄油 50 克，片状黄油 250 克。

2. 制作过程

(1) 将面团原料中，除黄油以外的所有原料放在一起，打至面筋扩展，表面光滑。

(2) 加入黄油打至完全后，将面团压扁，放保鲜袋里，冷冻半小时。

(3) 将冷冻后的面团擀成正方形，将片状黄油放在中间，然后将四角折上来包住黄油。

(4) 将面团擀成长方形的片，自左右各 1/3 处向内折，完成一次三折。

(5) 再重复步骤 (4) 两次，完成 3 次三折。

(6) 将 3 次三折后的面团擀至约 1 厘米厚，切成宽 3 厘米的条，每条约 140 克。

图 5－18 手撕包

（7）面条两头对着向内卷，卷成如意形，放到模具中，在温暖湿润处进行最后发酵。

（8）最后发酵结束，表面刷蛋液。

（9）放入预热上下火 190℃的烤箱，烤制约 30 分钟。

（10）出炉后立即脱模，在烤网上放凉。

3. 风味特点

层次清晰，口感香甜。

4. 技术关键

（1）开酥时用力均匀，层次清晰。

（2）掌握好生坯形态，以免烤制成熟后变型。

（四）丹麦提子包（如图 5－19 所示）

1. 原料

高筋面粉 180 克，低筋面粉 30 克，细砂糖 40 克，黄油 20 克（和面团用），黄油 70 克（裹入面团用），奶粉 1 勺，鸡蛋 1 只，盐 3 克，干酵母 5 克，水 95 克，提子干适量。

2. 制作过程

（1）酵母用一半清水溶化。

（2）将除提子干外的所有材料与酵母一起揉成面团，直至可以勉强拉开一张薄膜。

（3）将面团用湿布或保鲜膜盖住，发酵至 2 倍大。

（4）排住面团的空气，放入冰箱冷藏半小时。

（5）70 克黄油切小片放到保鲜袋擀成大片。

（6）将面团擀成长方形（需比黄油片宽）。

（7）将黄油片放到擀好的面团中间，面团两端向里对折。

（8）收口压紧并翻面向下，擀成薄的长方形。

（9）将面团折三折，放进冰箱冷藏 20 分钟。

图 5－19　丹麦提子包

（10）松弛完后的面团重新擀成薄长方形，再一次三折，放进冰箱冷藏 20 分钟。

（11）最后一次三折，折完放冰箱冷藏松弛 20 分钟。

（12）将面团擀成 0.5 厘米厚的面片，裁出长方形，表面涂一层鸡蛋液，撒上提子干。

（13）卷成卷，并切成厚度适中的剂子。

（14）将剂子放置烤盘，在温度为 35℃、湿度较强的密封空间（可将烤箱稍微预热，并放上一碗热水，将烤盘放进去关上烤箱发酵）发酵至剂子 2 倍大。

（15）在发酵好的剂子表面涂上鸡蛋液，放到预热 190℃的烤箱，烘 12 分钟至面包表面呈金黄色即可。

3. 风味特点

色泽金黄，口感酥香。

4. 技术关键

开酥薄厚均匀，火候适当。

（五）丹麦水果盒（如图 5－20 所示）

1. 原料

（1）面团原料：高筋面粉 170 克，低筋面粉 30 克，细砂糖 50 克，黄油 20 克，奶粉 12 克，鸡蛋 40 克，盐 3 克，干酵母 5 克，水 88 克。

（2）裹入用油：黄油 70 克。

（3）水果适量，蛋黄液适量。

2. 制作过程

（1）把所有面团原料全部加入面包机和成面团，揉至扩展阶段。

（2）将揉好的面团放在温暖出处发酵 2 小时左右（也可放冰箱冷藏室 6～12 个小时），使面团发酵至 2～2.5 倍大小。用手指沾面粉插进面团，拔出手指后孔洞不塌陷也不回缩，

图 5-20 丹麦水果盒

就表示发酵好了。

(3) 将发酵好的面团用手压出气体，室温静置松弛 20 分钟。

(4) 把包裹用的黄油切成片，平铺在保鲜袋里，用擀面杖压成饼状。

(5) 将松弛好的面团用擀面杖擀开，擀成一个长方形面片，长度是黄油片宽度的 2 倍大即可。

(6) 用面片包裹住黄油，收口要捏紧。将面片的收口向下，并旋转 90°。

(7) 用擀面杖把包好黄油的面片，再次擀开成为长方形薄面片。

(8) 从面片的一端 1/3 处把面片向中间翻折。

(9) 翻折好的面片，放进冰箱冷藏松弛 20 分钟。然后重新放在案板上，用擀面杖擀开。

(10) 把三折好的面片再次放进冰箱冷藏松弛 20 分钟。重新擀开成长方形薄面片。

(11) 用擀面杖将其丹麦面包面团擀成 0.5 厘米厚的面片，再用轮刀切成大小均匀的正方形。

(12) 将正方形小面片对折，在对折后的三角形两边 1 厘米处各切一刀（注意不要切断），然后打开三角形成正方形，将两边的切口对折成中空的菱形面。

(13) 放置面团至最后发酵到 1.5 倍大。

(14) 烤箱预热 200℃，放烤箱中层，烤约 15 分钟即可。

3. 风味特点

口感酥香，清新爽口。

4. 技术关键

掌握好面团的发酵程度和烤制时间。

(六) 水果比萨（如图 5-21 所示）

1. 原料

(1) 比萨饼底：面粉 200 克，盐 3 克，白砂糖 5 克，黄油 15 克，干酵母 5 克，牛奶 100 克。

(2) 馅料：番茄酱 2 汤匙（约 30 毫升），马苏里拉奶酪 100 克，新鲜小草莓 6 个对切，芒果 1 个切粒，葡萄干 50 克，苹果 50 克切片，菠萝片约 50 克。

图 5-21　水果比萨

2. 制作过程

(1) 饼底：

①在牛奶中加入 40 毫升清水，加热至 40℃，放入干酵母，搅拌均匀后静置 10 分钟。

②在面包机面桶中依次加入酵母水、面粉、盐、白砂糖，和面 10 分钟后加入黄油继续搅拌 10 分钟，待揉面程序完成后从可视窗里观察面团发酵至 2 倍大，用手指沾面粉在面团上戳洞不会回缩即完成（约 1 小时），如果戳洞后周围面团塌陷则表示发酵过度。

③发酵好的面团排气后，用擀面杖略擀后铺入比萨盘，用手把面饼向四周推，推至和模具大小相等即可。

④用叉子在饼坯的内圈叉孔，比萨饼底即制作完成。如想要略酥脆的口感，可把烤箱 180℃预热，烤 8～10 分钟拿出备用。

(2) 馅心：

①马苏里拉奶酪切条或擦丝，如在冷冻室内储存需提前取出解冻。

②葡萄干在朗姆酒中浸泡 20 分钟后沥干备用，草莓、芒果粒、苹果片、菠萝片备用。

③在饼底叉孔部位涂番茄酱，涂抹均匀，外圈不要涂。

④在番茄酱上撒一层奶酪条。

⑤铺入各种水果后再把剩余奶酪条全部铺在上面，尽量铺均匀。

⑥烤箱预热至 220℃，把烤盘放入烤箱中层，上下火烤 20 分钟即可（由于各厂家烤箱温度略有差异，请根据对自家烤箱的了解来设定烘焙温度，在烘焙时尽量通过操作窗口观察比萨的颜色变化，周围饼底变金黄，顶层奶酪融化并有浓香传出即可）。

3. 风味特点

色泽鲜艳，具有浓郁的水果香味。

4. 技术关键

(1) 面饼底部一定要大孔，以免烤制时鼓起大泡。

(2) 掌握好烤制时间。

（七）小牛肉比萨（如图 5－22 所示）

1. 原料

（1）饼底：高粉 250 克，低粉 50 克，细砂糖 30 克，酵母粉 3 克，奶茶 165 克，盐一小撮，黄油 20 克。

图 5－22　小牛肉比萨

（2）馅料：牛肉片 8 片，新奥尔良烤肉料 10 克，水 10 克，冷冻什锦菜豆小半碗，比萨草 5 克，黑胡椒粉 5 克，百里香 5 克，迷迭香 5 克，罗勒叶 5 克，盐适量，马苏奶酪 100 克，忌廉芝士 30 克，沙拉酱（原味）10 克。

2. 制作过程

（1）饼底：

①将除黄油以外的所有原料揉至光滑。

②加入黄油，揉至完全扩展阶段。此时面团比较硬，但还是能拉出结实的薄膜。

③把揉好的面团放在容器中，盖保鲜膜，放温暖地方发酵至 2 倍大。

④把发酵好的面团分成四等份，盖保鲜膜松弛 10 分钟。如果做一个大比萨的话，就不用分割了。

⑤把松弛好的面团擀成 1 厘米左右厚度的椭圆片。

（2）馅料和组合、烘烤：

①牛肉与新奥尔良烤肉料、水混合均匀，腌渍 1 小时。

②加入解冻的冷冻蔬菜豆。

③加入黑胡椒、百里香、比萨草、迷迭香、罗勒叶等调料拌匀。

④马苏奶酪擦丝。

⑤忌廉奶酪切小块。

⑥把做好的馅料铺在做好的饼底上，再铺上奶酪，挤上沙拉酱，松弛 30 分钟。

⑦烤箱预热 180℃，于中层烤制 15 分钟左右，至表面奶酪熔化、饼皮金黄即可。

3. 风味特点

外表松软，内部嫩香。

4. 技术关键

掌握好饼底的厚度和馅料的投放量。

思考题

1. 面包的概念是什么?
2. 面包如何分类?
3. 面包有哪些特点?
4. 面包制作的工艺流程有哪些?
5. 面包的发酵原理是什么?
6. 面包发酵的温度和湿度是多少?
7. 面包在搅拌过程中，搅拌不当对面包的影响有哪些?
8. 简述一次发酵法的制作方法。

第六章　西饼制作工艺

了解西饼制作的工艺过程，掌握常见西饼的制作方法。

掌握各类西饼的制作工艺。

掌握各类西饼的制作工艺。

第一节　清酥的制作

在西式糕点中，清酥点心（Puff Pastry）占有重要地位。它以口味酥香、鲜美，色泽金黄而备受人们青睐。清酥是用水、油或蛋和成的面团包入溶化的黄油擀片，经过一折、二折或三折等过程，再经过烤制而成的酥类制品。成品成熟后，显现出明显的层次，其制作的标准要求是层层如纸、口感松酥、口味多变。

要制作好清酥点心，关键是要擀制好清酥面团，因为制作清酥面团难度较大，在制作过程中，掌握好面团与包裹的油脂软硬程度要一致，擀制面团时用力要均匀（采用开酥机擀制面团时，要一点一点地压薄擀制，切忌一次性将其擀薄），每擀制折叠一次需放进冰柜进行冷冻，同时要注意环境温度。

清酥的制作原理是物理疏松。第一，利用湿面筋的烘焙特性，像气球一样，可以保存空气并能承受烘焙中水蒸气所产生的张力，而随着空气的张力来膨胀。第二，由于面团中的面皮与油脂有规律地相互隔绝所产生的层次，在进炉受热后，水调面团产生水蒸气，这种水蒸气滚动形成的压力使各层次膨胀。在烘烤时，随着温度的升高，时间加长，水面团中的水分不断蒸发并逐渐形成一层熟化变脆的面坯结构。油面层熔化渗入面皮中，使每层的面皮变成了又酥又松的酥皮，加上本身面皮面筋质的存在，所以能保持完整的形态和酥松的层次。

一、清酥的制作方法

（一）面团的调制

清酥面团是由水调面团包裹油脂，再经反复擀制折叠，形成一层面与一层油交替排列的多层结构，最多可达一千多层。成品体轻、分层、酥脆而爽口。清酥点心的配方主要涉及面粉和油脂量。按油脂总量（包括皮面油脂和油层油脂）与面粉量的比例，清酥面团可分为以下三种。

（1）全清酥面团：油脂量与面粉量相等。

（2）3/4 清酥面团：油脂量为面粉量的 3/4。

（3）半清酥面团：油脂量为面粉量的一半。

其中，3/4 清酥面团较为常用。此外，皮面中油脂的加入量约为面粉量的 12%，加水量为面粉量的 44%～56%。

另外，由于现在清酥面团的制作配方较多，各种产品的不同，其配方也有所不同，不过基本上都是大致相同，在具体制作时稍加注意。还有就是依据产品的结构不同，其装饰性的原料也不尽相同，产品表面上以及馅料的装饰也是多样化的，这一点也要注意一下。

3/4 清酥面团的基本配方有：中筋粉 1500 克，食盐少许，黄油 150 克，清水 750 克，片状起酥油 1000 克。

（二）整形与烘烤

1. 整形操作

（1）油层油脂的硬度与皮面面团的硬度应尽量一致。如果面硬油软，油可能被挤出，反之亦然。最终均会影响到制品的分层。

（2）面团在每两次擀制折叠之间应停放（静置）20 分钟左右，以利于面层在拉伸后的放松，防止制品最后收缩变形，并保持层与层之间的分离。成型后的制品在烘烤前亦应停放约 20 分钟。

（3）每次在擀开面团时，不要擀得太薄（厚度不低于 5 毫米），以防止层与层之间黏结。成型时，面团最后擀制成的厚度以 3 毫米左右为宜（视产品品种而定）。

（4）擀制、折叠好的面团在静置或过夜保存时应放入塑料袋中，以防止表皮发干。

2. 烘烤

（1）烘焙前，制品表面可用蛋液涂刷，使其烘烤后光亮上色。

（2）清酥点心的烘烤宜采用较高的炉温（220℃～230℃）。高温下，面层能很快产生足够的蒸汽，有利于酥层的形成和制品的胀发。

二、清酥的制作实例

（一）鲜奶蛋挞（如图 6-1 所示）

1. 原料

（1）蛋挞水材料：鲜奶油 210 克，牛奶 160 克，低筋面粉 15 克，细砂糖 63 克，蛋黄

图 6-1 鲜奶蛋挞

4 个，炼乳 15 克。

(2) 蛋挞皮材料：低筋面粉 100 克，黄油 15 克，水 50 克左右。

2. 制作过程

(1) 蛋挞水的做法：将鲜奶油、牛奶、炼乳、砂糖放在小锅里，用小火加热，边加热边搅拌，至砂糖溶化时离火，略放凉；然后加入蛋黄，搅拌均匀。

(2) 蛋挞皮的做法：

①面粉、黄油、水混合，拌成面团。用保鲜膜包起面团，松弛 20 分钟。

②将植物黄油用塑料膜包严，敲打薄一点。案板上施薄粉，将松弛好的面团用面棍擀成长方形。把植物黄油放在面片中间，面片折过来包住黄油然后将一端捏紧。

③将面片擀长，折成四折，再擀长。第一次四折，再擀开成长方形，然后再次四折。用保鲜膜把面片包严，松弛 20 分钟。再擀长成长方形，然后三折。再擀开，用刀切掉多余的边缘。将面片从较长的这一边开始卷起来。

④将卷好的面卷包上保鲜膜，放在冰箱里冷藏 30 分钟，进行松弛。

⑤松弛好的面卷用刀切成厚度 1 厘米左右的片，放在面粉中沾一下，然后沾有面粉的一面朝上，放在未涂油的蛋挞模里。用两个大拇指将其捏成蛋挞模形状。

(3) 成型、烘烤：在捏好的蛋挞皮里装上蛋挞水（装七八分满即可），放入烤箱烘烤。烘烤温度为 230℃，烤约 25 分钟脱模即可食用。

3. 风味特点

奶香浓郁，口感酥香。

4. 技术关键

(1) 水不要一下子全倒进去，要逐渐添加，并用水调节面团的软硬程度，揉至面团表面光滑均匀即可。

(2) 擀薄黄油软硬程度和面团硬度基本一致待用。

（二）葡式蛋挞（如图 6－2 所示）

最早的葡式蛋挞来自英国人 Andrew Stow，他在葡萄牙里斯本附近城市 Belem 吃到传统点心 Pasteis de Nata 后，决定在传统食谱上加进自己的创意，于是 1989 年在中国澳门路环岛开设安德鲁饼店，用猪油、面粉、水和蛋，参考英国式的糕点做法，创作出广受欢迎的葡式蛋挞。

图 6－2 葡式蛋挞

葡挞虽然是安特鲁所创，然而扬名却是拜 1996 年安德鲁和妻子的婚姻破裂所赐。玛嘉烈离开安德鲁另起炉灶，把原先属于自己名下的店改名为“玛嘉烈”，又落户中国香港和中国台湾，不经意地卷起了一阵葡挞旋风。

正宗的玛嘉烈葡式蛋挞必须用手制作。精致圆润的挞皮、金黄的蛋液，还有焦糖比例，都经过专业厨师的道道把关，才臻于普通蛋挞难以达到的完美。上桌的玛嘉烈蛋挞的底座就像刚出炉的牛角面包，口感松软香酥，内馅丰厚，奶味蛋香也很浓郁，却甜而不腻。

1. 原料

（1）蛋挞皮：低筋粉 220 克，高筋粉 30 克，酥油 40 克，细砂糖 5 克，盐 1.5 克，玛琪琳 180 克。

（2）蛋挞水：动物性淡奶油 180 克，牛奶 140 克，细砂糖 80 克，蛋黄 4 个，低筋面粉 15 克。

2. 制作过程

（1）蛋挞皮：

①面粉、糖和盐混合，将 40 克酥油加入面粉中。倒入清水，揉成面团，用保鲜膜包好，放进冰箱冷藏松弛 20 分钟。

②用擀面杖把玛琪琳压成厚薄均匀的一大片薄片，把松弛好的面团取出来，案上施一层防粘薄粉，把面团放在案板上，擀成长方形，长大约为玛琪琳薄片宽度的 3 倍，宽比玛琪琳薄片的长度稍宽一点。

③把玛琪琳薄片放在长方形面片中央。把面片的一端向中央翻过来，盖在玛琪琳薄片上。

④把面片的一端压死，手沿着面片一端贴着面皮向另一端移过去，把面皮中的气泡从另一端赶出来，避免把气泡包在面片里。

⑤手移到另一端时，把另一端也压死。把面片旋转 90°，用擀面杖再次擀成长方形。

⑥将面皮的一端向中心折过来。将面皮的另一端也向中心翻折过来。再把折好的面皮对折。这样就完成了第一轮的四折。

⑦四折好的面片，包上保鲜膜，放入冰箱冷藏松弛 20 分钟左右。

⑧把 3 次四折完成的面片擀开成厚度约 0.3 厘米的长方形。

(2) 蛋挞水：淡奶油与牛奶混合，加入细砂糖，加热搅拌至砂糖溶解冷却至不烫手后，加入蛋黄与低筋面粉，搅拌均匀即可。

(3) 成型与烘烤：

①千层酥皮做好后，擀成 0.3 厘米的长方形。

②沿着一边卷起来。

③卷好后，放冰箱冷藏 20 分钟。

④用刀切成厚约 1 厘米的小剂子。

⑤拿起一个小剂子，用面粉粘一下。

⑥放入蛋挞模，粘面粉的一面朝上。

⑦用大拇指把剂子捏成挞模形状，静置 20 分钟。

⑧倒入蛋挞水，七分满即可。

⑨入烤箱，220℃烤制 25 分钟左右。

3. 风味特点

香甜醇厚，松软可口。

4. 技术关键

(1) 掌握好蛋挞水的加入量，不宜过多，否则烤制时容易溢出。

(2) 掌握好烤制时间。

(三) 蝴蝶酥 (如图 6-3 所示)

蝴蝶酥，法语为 Palmier，英文是 Butterfly Cracker。这是一款流行于德国、西班牙、法国、意大利、葡萄牙和犹太人之间的经典西式甜点。人们普遍认为是法国在 20 世纪早期发明了这款甜点，也有观点认为首次烘焙是在奥地利的维也纳，所以这款甜点没有一个确切的起源地。一般人们认为，蝴蝶酥的发展是基于对果仁蜜饼等类似中东甜点烘烤方法的一次改变。因其外形，在西方它又有“棕榈树叶”“象耳朵”“眼镜”等形象的说法。在德国，这一甜点又被称作“Schweineohren”，意为猪耳朵；而在汉语中因其外形似蝴蝶则被称作蝴蝶酥。

1. 原料

面粉 200 克，黄油 30 克，牛奶 100 克，玛琪琳 150 克，糖粉 50 克，盐 2 克。

2. 制作过程

(1) 将黄油软化，与牛奶、面粉、糖粉、盐混合均匀，揉成面团，盖上湿布或者保鲜

图 6-3 蝴蝶酥

膜饧 15 分钟。

(2) 将面团擀成薄片，然后将玛琪琳擀成面片 1/3 大小的薄片，铺在面片上面。

(3) 像叠被子一样，拉起面饼将玛琪琳盖好并且不能露头角。叠好后横过来翻个，用擀面杖敲打，静置 10 分钟使其松弛，然后撒上一层面粉，用同样的方法再叠一次。

(4) 将面饼放入冰箱中冷冻几分钟。取出后重复步骤 (3)，敲打松弛后用保鲜膜盖好静置 5 分钟。

(5) 将面饼擀成片，用刀切成长条，然后从两端各取 1/4 长度向中点卷起呈蝴蝶状，放入烤盘。

(6) 烤箱预热至 200℃，放入烤盘烤制 20 分钟即可。

3. 风味特点

形态美观，口感酥香。

4. 技术关键

敲打面饼之前一定要将其翻个，否则厚的一面越来越厚，薄的一面越来越薄，最后容易破裂。

(四) 鲜果酥盒 (如图 6-4 所示)

1. 原料

面粉 500 克，芝士 1 片，猪油 300 克，糖 30 克，鸡蛋 1 只，水 200 克，白糖适量。

2. 制作过程

(1) 和面：

①将面粉分为两份，一份 300 克，一份 200 克。

②用 200 克的面粉和 250 克的猪油和成油心，放入平盘内抹平，放入冰箱冷藏约半小时。

图 6-4 水果酥盒

③用 300 克的面粉、白糖、50 克猪油、水和成面团，静放半小时。

④将面团开成 2 倍于油心大小的皮，放上油心，包上。

⑤用酥棒开成长方形，厚度约 5 厘米的皮，折一个三层。

⑥放入冰箱半小时后，再开薄，折一个三层。

⑦再放入冰箱冻半小时，再开薄，折一个四层，用保鲜纸封好放入冰箱冷藏，待用。

(2) 成型与烘烤：

①将酥皮开成 18×18 厘米的酥皮，切成底为 6×6 厘米的正方形。

②在皮的对角线切一刀。

③拉起一角在中心点压上，如此做成风车形。

④放入烤盘上，饼面刷蛋液，撒上芝士粒、白糖，用 230℃的温度烤约 10 分钟后，收火到 150℃，再烤 15 分钟左右，饼面金黄色即可。

3. 风味特点

形似风车，色泽金黄，层次清晰，酥松香甜。

4. 技术关键

(1) 掌握好皮的薄厚度，过厚成熟后成品变型，过薄影响层次的起发。

(2) 蛋液不宜刷边缘处，以免影响形状和层次。

第二节 混酥的制作

混酥点心（Pastries）又称甜酥点心，它是用面粉、油脂、砂糖、鸡蛋等原料调制成面团，配以各种辅料，通过成型、烘烤、装饰等工艺而制成的一类点心。这类点心的面坯无层次，但具有酥松性。

混酥点心的制作原理：混酥点心面坯的酥松，主要与油脂的性质有关。油脂是一种胶性物质，具有一定的黏性和表面张力。当油脂与面粉调成面团时，油脂便分布在面粉中蛋白质或面粉颗粒的周围并形成油膜，这种油膜影响了面粉中面筋网的形成，造成面粉颗粒之间结合松散，从而使面团的可塑性和酥性增强。当面坯遇热后油脂流散，伴随搅拌充入面团颗粒之间的空气预热膨胀，这时面坯内部结构破裂形成很多孔隙结构，这种结构便是面坯酥松的原因。

混酥点心制作的一般要求：①面粉要使用筋力较小的中低筋面粉；②绵白糖和砂糖应选用易溶化颗粒细小的为宜；③混酥面团的油、糖、鸡蛋、面粉要调匀，不能有油、糖、面粉疙瘩；④制品成型时要注意面坯的大小、薄厚；⑤根据成品特点和要求，灵活掌握烘烤时间和温度。

一、混酥的分类

混酥点心品种丰富，风味特色各异。但常见的制品一般有三类：挞（tart），派（pie）和小饼干点心（cookies）。挞和派都是有馅心的一类点心，一般将精小的制品称挞。挞和派无固定大小和形状，可根据需要和模具形状随意变化，其品种则主要通过馅心及面坯的变化而多样。

二、混酥的制作方法

（一）混酥面团最基本的搅拌方法

1. 油面调制法

先将油脂和面粉一同放入搅拌缸内，中速或慢速搅拌，当油脂和面粉充分相融后，再加入鸡蛋辅助料调制均匀。这类混酥制作的要求是：面坯中的油脂要完全渗透到面粉中，这样才能使烘烤后的产品具有酥性特点，而且成品表面较平整光滑。

2. 油糖调制法

先将油脂和糖一起搅拌，然后再加入鸡蛋、面粉等原料的调制方法。这类混酥调制法是西式面点中最为常用的调制方法之一。这些方法用途极广，可以制作混合酥点心，如各种派类，挞类及饼干混酥点心等。

调剂时应注意事项有以下几点。

（1）制作混酥面坯的面粉最好用低筋粉，其中以含蛋白质10%左右为最佳，如果面粉筋度太高，则在搅拌面团时和整形过程中易揉搓起筋，使之在烘烤中面团发生收缩、坚硬现象，失去应有的酥松品质。

（2）选用较高熔点的油脂，因为熔点低的液态油脂吸湿面粉的能力强，操作时容易发黏，并影响制品的酥松性。

（3）制作混酥面团时，应选用颗粒细的糖制品。如细砂糖、糖粉，如果糖的晶体粒太粗，在搅拌中不易溶化。造成面团操作困难，制品成熟后表皮会呈现一些斑点，影响产品质量。

(4) 为增强混酥面团的酥性，在用料上可适当增加黄油、鸡蛋的用量或添加适当的膨松剂。

(5) 当酥品面团加入面粉后，切忌搅拌过久，以防面粉产生筋度，影响成型后和烘烤后产品的质量。

(二) 成型方法

混酥的成型一般是借助模具完成的，方法是根据制品的需要，取出适量面团放在撒有干粉的工作台上，擀成厚薄一致的薄片，然后放在模具中，例如菊花形、圆形、扣压模，圆形扣压模和心形扣压模等。

混酥成型时需要注意以下几点。

(1) 在擀制时应做到一次性擀平，并立即成型，进炉烘烤。

(2) 面团切割时，应做到动作迅速准确，一次到位。应尽量减少切割时所用的时间，尤其是在工作室温度高时，面团极易变软，影响成型的操作。

(3) 在割制面团时，动作要轻柔准确，一次到位，如果用力太大，极易将混酥面团制透，这将影响成品的品质和外观。

(4) 擀制成型时为防止面团出油，上劲不要将面团反复搓揉，以免产生成品收缩，口感坚硬，酥性差的不良后果。

(5) 在成型时，动作要快、要灵活，否则面团在手的温度下极易变软，影响操作。

(三) 装盘与烘烤

1. 装盘

在装盘之前，预先把烤盘抹一层油，防止产品烤熟后粘贴在烤盘上。

2. 烘烤

主要影响混酥面坯烘烤的是温度与时间。烘烤混酥时上火为170℃～200℃，下火为150℃～160℃。品种面团越大时间越长，温度越高。

三、混酥的制作实例

(一) 核桃挞 (如图 6-5 所示)

1. 原料

(1) 挞皮：低筋面粉 75 克，鸡蛋 65 克，小麦面粉 10 克，核桃 100 克，糖粉 30 克，白糖 80 克。

(2) 馅料：白糖 80 克，黄油 18 克，鸡蛋一个，面粉 10 克，碎核桃 100 克。

2. 制作过程

(1) 挞皮：

①黄油软化后倒入一个无油无水的容器中并加入糖粉，用打蛋器打发至变白，呈羽毛状。

图 6-5 核桃挞

②分两次加入蛋液，再加入过筛后的低筋粉自下而上搅拌均匀，并放保鲜袋中在冰箱冷藏两个小时以上。

③取出来后，擀成圆的面片，比比萨盘略大，再铺在比萨盘上，将边缘去掉再放入冷藏室 30 分钟。

(2) 馅料：

①黄油加入白糖搅拌均匀，再分次加入蛋液。

②搅拌均匀后，再加入过筛后的面粉。

③搅拌好后，加入切碎的核桃拌匀即可。

(3) 成型与烘烤：

①将制作好的馅心，倒在挞皮上。

②烤箱 180℃预热，中层烤 35 分钟，取出后脱模。

③上面淋上巧克力线（巧克力隔水融化后，放入裱花袋中，裱花袋剪一小口子，就可以轻松挤出巧克力线）。

3. 风味特点

形状美观，松软可口，果味芳香。

4. 技术关键

(1) 挞皮制作的时候，应当经常松弛一下。

(2) 放入模具中，不要直接烤，也要松弛一下，才不会烤时回缩。

(二) 水果挞 (如图 6-6 所示)

1. 原料

(1) 挞皮：高筋粉 75 克，奶粉 10 克，黄油 140 克，盐 2 克，低筋粉 140 克，泡打粉

图 6-6 水果挞

2 克，糖粉 80 克，全蛋 53 克。

(2) 挞馅：动物性鲜奶油 125 克，玉米淀粉 8 克，全蛋 35 克，黄油 15 克，低筋粉 11 克，白糖 45 克，牛奶 200 克。

2. 制作过程

(1) 挞皮：

①软化的黄油加糖粉用电动打蛋器打至奶油呈乳白色。

②分次加入打散的蛋液搅拌均匀，每次加入都要充分搅拌均匀。

③将所有粉类过筛后和盐一起加入原料 (2) 中揉成团。

④取出约 30 克左右的面团，放在挞模中平均地按压在模具里，松弛 15 分钟。

⑤烤箱预热 180℃，中层，烤 20 分钟左右。

(2) 挞馅（法式布丁馅）：

①低筋粉、玉米淀粉过筛加入鸡蛋、白糖混合均匀。

②黄油加牛奶煮开倒入之前拌好的面糊中迅速拌均匀，煮至凝固离火（要用手动打蛋器不停地搅拌，以防粘锅底）即成馅心。

③布丁馅放入容器中盖上保鲜膜放凉备用。

④动物性鲜奶油打至八成发，和放凉的布丁馅混合搅拌均匀即可。

(3) 水果挞的成型：

①将做好的挞馅装入裱花带中，分别挤在做好的挞皮中。

②将要放在挞上面的水果洗净切好 。

③将水果放在挤好馅心的挞上，最后刷上镜面果胶做装饰即可 。

3. 风味特点

形态美观，果香浓郁，口感甜香。

4. 技术关键

馅心不要太多，否则水果放上去就都被挤出来了。

(三)奶油曲奇(如图 6-7 所示)

1. 原料

奶油 270 克,糖粉 150 克,鸡蛋 2 个,低筋粉 340 克,奶粉 50 克。

图 6-7 奶油曲奇

2. 制作过程

(1)奶油软化加糖粉(过筛)打发至微白,加入蛋拌匀。

(2)低筋粉和奶粉过筛后倒入拌匀。

(3)装入裱花袋,均匀挤在烤盘上。

(4)烤箱预热,放置中间,温度 160℃,烤 15~20 分钟。

3. 风味特点

形态美观,口感酥香,奶香浓郁。

4. 技术关键

挤制生坯时要大小一致,掌握好烤制时间。

(四)巧克力曲奇(如图 6-8 所示)

1. 原料

低筋面粉 70 克,鸡蛋 20 克,可可粉 15 克,黄油 75 克,糖粉 40 克。

2. 制作过程

(1)将低筋面粉过筛。

(2)黄油软化后切成小丁。

(3)将黄油加入糖粉。

(4)用电动打蛋器打至乳膏状。

(5)分次加入蛋液(分三次加,全部加好并打发好)。

图 6-8 巧克力曲奇

(6) 将过筛后的面粉倒入黄油中搅拌均匀，注意不要出筋。刮刀自上而下翻拌即可。

(7) 选择一个花嘴，挤出花形。

(8) 烤箱 180℃预热，中层放置，烤 18 分钟左右。

3. 风味特点

口感酥香，巧克力味浓厚。

4. 技术关键

形态整齐，大小一致。

(五) 提子奶酥 (如图 6-9 所示)

1. 原料

低筋面粉 195 克，蛋黄 3 个，奶粉 12 克，黄油 80 克，细砂糖 70 克，葡萄干 80 克。

图 6-9 提子奶酥

2. 制作过程

(1) 黄油软化后，加入细砂糖和奶粉，用打蛋器打发。依次加入蛋黄液，搅打均匀。每次都等蛋黄完全融合后再一次加入蛋黄液。

(2) 低筋粉过筛倒入打发好的黄油中，用手把黄油和面粉混合均匀。

(3) 倒入葡萄干（可选用朗姆酒浸好的葡萄干），并搅拌均匀，揉成一个均匀的面团。

(4) 把面团放在案板上 15 克/剂，用手揉圆压扁。

(5) 烤盘铺上油纸，把饼干放入烤盘，表面刷上一层打散的蛋黄液，放入预热好的烤箱中层，180℃，15 分钟，表面金黄即可。

3. 风味特点

松软酥脆，奶香味实足。

4. 技术关键

(1) 掌握面饼的大小，并且要薄厚均匀。

(2) 掌握好烤制时间。

(六) 花生酥（如图 6-10 所示）

1. 原料

花生粉 250 克，中筋面粉 250 克，花生油 160 克，糖粉 140 克，香草精 1 茶匙，蛋黄 1 个。

图 6-10　花生酥

2. 制作过程

(1) 将花生粉、面粉、糖粉拌匀，中间挖空，加入花生油、香草精揉匀。

(2) 将拌好的面团分粒，搓成 8 克左右的小团。排在烤盘当中，涂上蛋液。

(3) 入烤箱，170℃烤 20 分钟，上色即可取出。

3. 风味特点

口感酥香，花生味道浓郁。

4. 技术关键

大小一致，掌握好火候。

（七）香葱芝士饼干（如图 6 - 11 所示）

1. 原料

黄油 60 克，糖粉 30 克，盐 2 克，蛋 15 克，低筋面粉 83 克，黄金芝士粉 16 克，干燥葱沫 8 克。

2. 制作过程

（1）室温软化黄油，低筋面粉和黄金芝士粉过筛备用。

（2）将室温软化的黄油里加入糖粉和盐拌匀后，加入蛋黄搅匀。

（3）加入过筛的低筋面粉和黄金芝士粉拌匀后，加入干燥葱末拌匀。

（4）将面团放在保鲜膜上，整理成三角形（长度 22 厘米），然后放在做成等边三角形（边长 4 厘米）的硬纸板中，用橡皮筋缠好，放在冰箱里冷冻 40 分钟定型。

（5）将冻硬的面团取出，均匀地切成 5 毫米厚的片，排在烤盘上。

（6）放入上下预热 180℃的烤箱，烤 12 分钟。

（7）出炉退高热后，移至烤网上晾凉后密封保存。

3. 风味特点

色泽鲜艳，口感酥香。

4. 技术关键

掌握好面团定型时间和烤制时间。

图 6 - 11　香葱芝士饼干

（八）燕麦饼干（如图 6 - 12 所示）

1. 原料

自发粉 100 克，燕麦粉 50 克，鲜奶 30 克，牛油 10 克，蜂蜜 20 克，葡萄干 20 克，鸡

图 6-12　燕麦饼干

蛋 2 个。

2. 制作过程

(1) 鲜奶用小火稍稍加热至 40℃左右，加入牛油溶解。

(2) 鸡蛋打散，与蜂蜜拌匀。

(3) 自发粉和燕麦粉过筛，加入鸡蛋液中和匀，然后再加入溶解的鲜奶牛油，一起拌匀成为稀面糊。

(4) 在稀面糊中加入燕麦粉和葡萄干，拌匀成为较稠的燕麦面糊，备用。

(5) 烤盘内铺上一层锡纸或油纸，用汤匙舀起一匙面糊，薄薄地铺在锡纸上，边缘稍稍平整一下，尽量弄成圆形小饼干的形状，间隔一些距离放入烤盘。

(6) 烤箱先预热 200℃约 2 分钟，放入烤盘，200℃烤 15 分钟左右。看到饼干表面成为淡棕色时，取出，摊凉即可。

3. 风味特点

营养丰富，口感香酥。

4. 技术关键

掌握好鲜奶的加热火候和饼干的烤制时间。

第三节　泡芙的制作

泡芙（Puff）是一种西式甜点。蓬松张孔的奶油面皮中包裹灌奶油、巧克力甚至冰激凌。

泡芙源于法国，泡芙的法文为CHOU，也是高丽菜的意思，因两者外形相似而得名，其中文学名为奶油空心饼。16世纪初，奥地利哈布斯王朝和法国波旁王朝为长期争夺欧洲的主导权，已经战得精疲力竭。为避免邻国渔翁得利，双方达成政治联姻的协议。在奥地利公主与法国皇太子举行的大型婚宴上，泡芙作为压轴甜点，为长期的战争画上休止符。

泡芙作为吉庆、友好、和平的象征，人们在各种喜庆的场合中，都习惯将她堆成塔状(亦称泡芙塔 Croquembouche)，在甜蜜中寻求浪漫，在欢乐中分享幸福。流传到英国后，所有上层贵族下午茶和晚茶中最缺不了的也是泡芙。

一、泡芙的制作方法

1. 泡芙的特点

泡芙吃起来外热内冷，外酥内滑，口感极佳。泡芙在制作时，首先用水、奶油、面粉和鸡蛋做成面包，然后将奶油、巧克力或冰激凌通过注射灌进面包内即成。在泡芙上，可以撒上一层糖粉，还可放干果仁、巧克力酱、椰蓉等。

2. 制作工艺

(1) 煮面糊：水加黄奶油煮开，一边搅一边加入面粉，煮至完全糊化。

(2) 打面糊：将煮好的面糊放在搅拌机里冷却至不烫手，再分次加入鸡蛋充分搅拌均匀，放入裱花袋里。

(3) 烘烤与装饰：一般采用中上火进行烤制，也可以用油炸熟。将已经成熟的泡芙用鲜奶油、水果或果酱进行装饰。

二、泡芙的制作实例

(一) 奶油泡芙 (如图6-13所示)

1. 原料

(1) 外壳：面粉60克，无盐黄油50克，水100克，盐2克，砂糖50克，鸡蛋2个。

(2) 填充用奶油：面粉40克，砂糖50克，蛋黄4个，牛奶100克，奶油香精数滴，鲜奶油100克 。

2. 制作过程

(1) 外壳：

①在锅内放入黄油、水、盐和砂糖加热，并用打蛋器搅拌，黄油全部融化后，转小火加入面粉。

②用力搅拌大约5分钟，锅底有薄膜出现时关火。

③在锅内还有余热时，放入1/3打散的鸡蛋，用打蛋器迅速搅拌，搅拌均匀之后，将剩余的鸡蛋液也全部投入锅内，并搅拌均匀。

④搅拌至呈糊状时，就可放入裱花袋，在垫上烤箱纸的烤盘上挤压成一个个圆球状。

⑤手指上稍微蘸水后抚平挤压出来的尖头。然后用喷雾器在表面均匀地喷上一层水雾。

图 6-13　奶油泡芙

⑥用烤箱 200℃烤 20 分钟，然后用 160℃烤 15 分钟，取出。

(2) 填充用奶油：

①在锅内放入黄油、砂糖、蛋黄和 2 大勺牛奶用打蛋器搅拌均匀后加入剩余的牛奶和奶油香精。

②开中火加热，并不停地搅拌直到呈厚糊状为止。

③趁锅还有余热时，用力搅拌上劲。然后在锅底垫上冷水毛巾，在锅内分几次慢慢加入鲜奶油，迅速搅拌呈光洁的奶油状即可。

④将做好的奶油放入容器，盖上保鲜膜。

⑤用刀剖开外壳，在里面注满奶油即可。

3. 风味特点

色泽浅黄，松中带微脆，营养丰富。

4. 技术关键

(1) 煮面糊时，要煮至熟透，并边煮边搅动以免出现粘锅焦煳现象。

(2) 大小一致，灵活掌握烤制时间。

(二) 水果泡芙 (如图 6-14 所示)

1. 原料

中筋面粉 500 克，鸡蛋 700 克，黄油 250 克，水 500 克，鲜奶油 450 克，鲜水果适量。

2. 制作过程

(1) 将水与黄油放入盆中加热至完全融化，然后加入面粉充分搅匀制成烫面团。

图 6-14 水果泡芙

（2）将鸡蛋分几次加入盆中，边加边揉搓直到完全融合。

（3）将面糊搅至表面光滑，装入裱花袋挤成 30 克重的坯子。

（4）加工完成后放入烤箱，上、下火 240℃烤 24 分钟左右，烤好后出炉冷却。

（5）用刀拦腰在坯体上割一刀，深度为 3/4，然后挤入适量的奶油，夹上切好的水果片即可食用。

3. 风味特点

表皮酥脆，馅心清香且具有水果的香味。

4. 技术关键

（1）煮面糊时，要煮至熟透，并没有粘锅焦煳现象。

（2）烤制时，要保证熟透，大小一致，花纹清晰。

（三）巧克力泡芙（如图 6-15 所示）

1. 原料

高筋面粉 250 克，低筋面粉 250 克，鸡蛋 15 个，黄油 250 克，色拉油 250 克，水 500 克，盐 5 克，巧克力酱适量。

2. 制作过程

（1）锅烧热将黄油化开，倒进色拉油、水煮沸。

（2）倒进高筋面粉、低筋面粉和盐，顺一个方向用小火不停地搅拌。

（3）再加进蛋液，打至面糊能用勺捞起牵连不断为止。

（4）将面糊挤入纸杯中。

（5）烤箱调至 200℃预热 10 分钟，放进泡芙皮烘烤 20 分钟出炉。

（6）待泡芙凉透后，上面刷上巧克力酱即成。

3. 风味特点

巧克力味道浓郁，口感松软。

图 6-15　巧克力泡芙

4. 技术关键

泡芙大小要一致。

(四) 花式泡芙 (如图 6-16 所示)

1. 原料

黄油 57 克，水 57 克，低筋粉 40 克，鸡蛋 2 个。

2. 制作过程

(1) 小锅放进水和黄油，中火煮至融化，沸腾后离火。

(2) 筛入面粉，搅拌至无颗粒，再用小火加热一下，离火搅拌。

(3) 把打散的蛋分 2～3 次加入，搅拌至光滑。

(4) 装入裱花袋后挤成椭圆形。

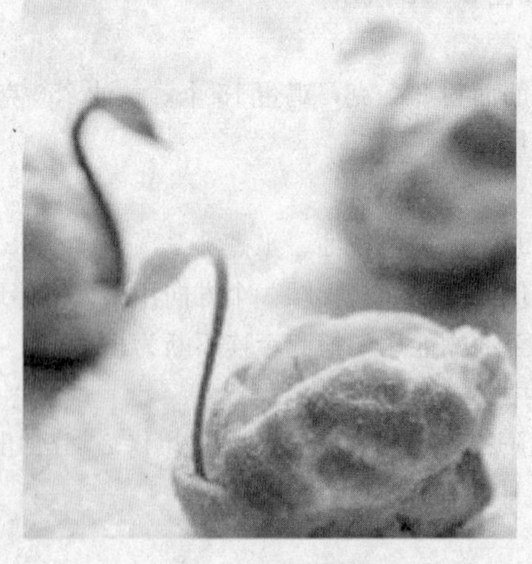

图 6-16　花式泡芙

(5) 烤箱200℃预热，烤15～20分钟即可。

(6) 再挤出一些“2”字形的做天鹅的脖子，烤箱上下200℃，烤至表面金黄就可以了。

(7) 用剪刀剪掉椭圆形泡芙的上面的一半，然后再剪成两半形成翅膀；

(8) 最后在泡芙下面一半处填上卡士达酱。再插上天鹅头和翅膀，最后筛上糖粉。

3. 风味特点

形态美观，口感甜香。

4. 技术关键

掌握好产品形态和烤制时间。

思考题

1. 清酥的概念是什么?
2. 什么叫做混酥?
3. 清酥的起酥原理是什么?
4. 清酥制品的特点是什么?
5. 混酥的制作原理是什么?
6. 混酥制品有哪些?
7. 混酥的分类有哪些?
8. 什么叫做泡芙?
9. 泡芙有哪些特点?
10. 泡芙的制作方法有哪些?

第七章　果冻布丁、慕斯制作工艺

掌握果冻布丁、慕斯的制作工艺。

掌握果冻布丁、慕斯的制作工艺及造型艺术。

掌握果冻布丁、慕斯的制作工艺及造型艺术。

第一节　果冻制作工艺

一、果冻的调制

（一）果冻的调制

果冻（Jelly）这类冷冻类甜点是完全靠结力粉（片）的凝胶作用凝固而成的，利用结力粉（片）的这一种特性，可使用不同的模具，生产出风格、形态各异的成品。

常见的果冻种类主要有：水果果冻、果汁果冻、甜酒果冻、椰奶果冻、西米果冻等。果冻类甜点，是一种物美价廉的甜点，常常用作西式各类自助餐甜点，也常用于各类餐会的甜品之中，尤其是在夏天，用得更多。

（二）注意事项

（1）果冻液倒入模具时，应避免起沫，如果有泡沫，应用干净的工具将泡沫撇出，否则冷却后会影响成品的美观。

（2）制作果冻所用的水果丁，使用前要沥干水分，以保证成品的品质。

（3）使用水果，尽量少用或不用含酸物质多的水果，如柠檬、鲜菠萝等，因其酸度过大后会降低果冻的凝胶力，使成品弹性降低，必要时可将此类水果蒸煮几分钟使其蛋白酶失去活性后使用。

(4) 果冻甜点是直接入口的食品，更需要保证模具的卫生。

二、果冻的成形

(一) 工艺方法

(1) 果冻的定型主要是通过冷却的方法形成的。其中结力粉（片）的用量、定型的温度和时间与定型的质量有关。

(2) 定型的一般方法：将调制好的果冻液体，倒入模具中放入冰箱内冷却定型。

(3) 定型所需要的时间将取决于果冻配方中结力粉（片）的用量多少。配方中结力粉的用量越大，凝固定型的时间越短，但结力粉（片）的用量并不代表越多越好。使用过多，成品凝固过硬，不仅失去果冻应有的口感，而且也失去果冻应有的品质。一般情况下结力粉（片）的用量在3%～6%冷却时间需要3～5小时。

(4) 果冻定型时的温度一般在0℃～4℃。一般来讲温度越低，果冻的定型所需的时间越短，反之则时间越长。但果冻定型时不宜放入温度在0℃以下的冰箱内，因为果冻内大部分原料为含水液体原料，若在0℃以下的低温冷却，会使果冻结冰，失去果冻原有的品质。

(二) 注意事项

(1) 果冻定型时，应在恒温冰箱内进行，不可放入冷冻冰箱内，否则成品将失去应有的光泽和质感。

(2) 果冻在进入冰箱冷却定型时，应该在其表面封上一层保鲜膜，以防止和其他食品的味道相窜，影响自身的口味。

(3) 定型后的制品脱膜时，要保持制品完整。

三、果冻的实例制作

(一) 鲜果果冻（如图7-1所示）

1. 原料

(1) 主料：草莓100克，菠萝100克，猕猴桃100克。

(2) 辅料：果冻粉30克，水280克，糖5克，柠檬汁10毫升。

2. 制作过程

(1) 水果洗净，去皮去蒂，切小丁。

(2) 果冻粉、水、糖、柠檬汁一同放入锅中，搅拌均匀，小火加热至沸腾，搅拌至果冻粉完全溶解关火。

(3) 果冻液放凉至室温，倒入鲜果粒，再倒入模具，放入冰箱冷藏至凝固。

3. 风味特点

色泽鲜艳，清甜爽滑。

4. 技术关键

(1) 水果要等液体降温但还能流动的状态时倒入，这样能保持水果的新鲜口感。

图 7-1　鲜果果冻

(2) 盛放果冻的模具没什么特殊要求，塑料、瓷、玻璃、金属、硅胶等都可以，硅胶的模具尤其容易脱模，建议不要用太多花纹的模具，不容易脱模。

(3) 另外模具在倒入果冻液之前，先用水冲一下，带着水珠的状态比干燥的模具更容易脱模。

(二) 彩虹果冻 (如图 7-2 所示)

1. 原料

黑樱桃味果冻粉 50 克，青柠味果冻粉 50 克，橙子味果冻粉 50 克，草莓味果冻粉 50

图 7-2　彩虹果冻

克，樱桃味果冻粉 50 克，柠檬味果冻粉 50 克，橙子菠萝味果冻粉 50 克，开水 2.135 升，炼乳 355 毫升。

2. 制作过程

(1) 用 4 个容器分别装好樱桃味、青柠檬味、橙子味和草莓味的果冻粉，然后每个容器放 235～355 毫升的开水。让果冻粉在开水里溶化后，冷却至室温。

(2) 再用 3 个容易分别装好黑樱桃味、柠檬味和橙子菠萝味的果冻粉，然后每个容器放 235 毫升的水以及 118 毫升的炼乳，搅拌均匀后冷却至室温。

(3) 把黑莓味果冻溶液放进 7 寸的盘子里，然后放进冰箱里冷冻至凝固。然后再一层层加入。要等每一层凝固好再加入下一层。当最后一层也凝固了，彩虹果冻就做好了。

3. 风味特点

形态美观，口味多变。

4. 技术关键

每浇一层必须冷冻至凝固，否则会层次不清晰，影响美观程度。

第二节　布丁制作工艺

布丁（Pudding），也称作“布甸”，是以黄油、鸡蛋、白糖、牛奶等为主要原料，配以各种辅料，经过蒸或烤制而成的一类柔软的点心。具有柔软适口，嫩滑香浓的特点。

现今以蛋、面粉与牛奶为材料制作而成的布丁，是由当时的撒克逊人所传授下来的。中世纪的修道院则把水果和燕麦粥的混合物称为“布丁 ”。而在 16 世纪伊丽莎白一世时代，布丁则是由肉汁、果汁、水果干及面粉一起调制而成的。17 世纪和 18 世纪的布丁是用蛋、牛奶以及面粉为原料来制作的。

一、布丁的种类

布丁有很多种，分类方式有几种。根据制作布丁的原料可分为格司布丁和黄油布丁。格司布丁是以鸡蛋、牛奶为主要原料，经过蒸制而成的凝胶体甜点。黄油布丁还可以根据添加辅料的不同又可分为很多种，其命名方法可根据添加的主料、口味或色彩等来进行命名。根据食用时的温度可分为热布丁和冻布丁。根据成熟方法可分为蒸制布丁、烤制布丁、同时蒸烤的布丁等。常见的布丁有鸡蛋布丁、芒果布丁、鲜奶布丁、巧克力布丁、草莓布丁、焦糖布丁等。

二、布丁的制作实例

（一）焦糖布丁（如图 7－3 所示）

1. 原料

(1) 焦糖：砂糖 100 克，水 25 克。

图 7-3　焦糖布丁

(2) 布丁：鸡蛋 2 个，砂糖 25 克，牛奶 250 克，香草粉少许。

2. 制作过程

(1) 将砂糖和水倒入锅中。

(2) 把锅放到火上加热，期间不停搅拌，直至熬成黄褐色。

(3) 将焦糖倒入布丁模底部。

(4) 在鸡蛋中加入砂糖。

(5) 混合均匀。

(6) 牛奶加热，放入香草精，煮至微沸。

(7) 将牛奶缓缓倒入蛋液中，混合均匀。

(8) 将蛋液过筛倒入布丁杯中，如有残留的气泡可以用牙签捅碎。

(9) 烤盘注水，水温在 60℃～70℃。

(10) 烤箱预热 180℃，放于中下层，25 分钟。

3. 风味特点

松软可口，嫩滑香甜。

4. 技术关键

(1) 熬制焦糖时要用中小火。

(2) 煮沸的牛奶液要稍凉些再倒入蛋液中。

(二) 巧克力牛奶鸡蛋布丁 (如图 7-4 所示)

1. 原料

巧克力牛奶 400 毫升，砂糖 3 大匙，鸡蛋 3 个。

2. 制作过程

(1) 将巧克力牛奶加热放入砂糖，砂糖溶化后马上熄火散热。

(2) 将鸡蛋搅拌充分。

(3) 把砂糖巧克力牛奶倒入搅拌好的鸡蛋。

图 7-4 巧克力牛奶鸡蛋布丁

（4）用过滤网把（3）过滤并把焦糖浆倒入 4 个杯子内。

（5）用蒸锅蒸，等下层水沸腾，即可放入。强火蒸 2～3 分钟，弱火 13～15 分钟。

（6）冷却放入冰箱 2 小时即可。

3. 风味特点

口感嫩滑，巧克力味香浓。

4. 技术关键

（1）巧克力和牛奶加热时，不要让牛奶沸腾。

（2）掌握好蒸制时间。

（三）黄油布丁（如图 7-5 所示）

1. 原料

小长棍面包 1 个，鸡蛋 1 个，牛奶 150 毫升，糖 1 平勺，黄油适量，无核葡萄干、威士忌适量。

2. 制作过程

（1）在牛奶中加入糖，搅拌均匀后，加入打匀的鸡蛋液，继续搅拌。

（2）面包棍切片，两面蘸上液态的黄油。

（3）将面包片放入蛋奶液中，可用勺子压出气体，撒上葡萄干，滴上几滴威士忌。

（4）装入模具，放入烤箱中层，烤箱预热 180℃，烤 25～30 分钟布丁液凝固即可趁热分享。

3. 风味特点

质地柔软细腻，口感香甜。

4. 技术关键

掌握好烤制时间。

图 7-5　黄油布丁

第三节　慕斯制作工艺

慕斯（Mousse）与布丁一样属于甜点的一种，其性质较布丁更柔软，入口即化，是一种奶冻式的甜点，可以直接吃或做蛋糕夹层。

一、慕斯的特点

慕斯的特点是免煮、免调理，直接操作即可使用，温水、冷水皆可使用，中性慕斯粉可配合果泥或浓缩果酱变化慕斯口味。品质可延长产品保存期限，作为鲜奶油安定剂成为慕斯奶油。

二、慕斯蛋糕

慕斯蛋糕最早出现在美食之都法国巴黎，最初大师们在奶油中加入起稳定作用和改善结构、口感和风味的各种辅料，使之外形、色泽、结构、口味变化丰富，更加自然纯正，冷冻后食用口感更佳，成为蛋糕中的极品。它的出现符合了人们追求精致时尚，崇尚自然健康的生活理念，满足人们不断对蛋糕提出的新要求，慕斯蛋糕也给大师们一个更大的创造空间，大师们通过慕斯蛋糕的制作展示出他们内心的生活悟性和艺术灵感。在西点世界杯上，慕斯蛋糕的比赛竞争历来十分激烈，其水准反映出大师们的真正功力和世界蛋糕发展的趋势。1996 年美国十大西点师之一 Eric Perez 带领美国国家队参加在法国里昂举行的西点世界杯大赛，获得银牌。由于他的名望，1997 年特邀为美国总统克林顿的夫人希拉里 50 岁生日制作慕斯蛋糕，并邀请在白宫现场展示技艺，在当时轰动烘焙界。

三、慕斯的制作实例

(一) 抹茶红豆慕斯 (如图 7-6 所示)

1. 原料

戚风蛋糕 2 片，牛奶 30 克，鱼胶片 1 片，蜜红豆 150 克，动物性鲜奶油 120 克，抹茶粉 10 克，牛奶 120 克，蛋黄 1 个，糖 30 克。

2. 制作过程

(1) 鱼胶片冷水泡软，牛奶稍微加热，将鱼胶片放入搅拌至完全溶化。

(2) 蜜红豆用搅拌机打成泥，加上牛奶拌匀。

(3) 鲜奶油打至浓稠仍可流动状，加入拌匀即可。

(4) 6 寸模子里放入一片蛋糕片做底，倒入红豆慕斯，再放入第二片蛋糕片，调整到蛋糕刚好没进去一半高度，放进冰箱冷藏，再开始准备下一层慕斯。

(5) 牛奶小火加热至微沸，离火，缓慢冲进蛋黄中拌匀，再将混合物倒回锅中加热至沸腾。

(6) 将鱼胶片加入搅拌至融化，再加入抹茶粉仔细拌匀。

(7) 鲜奶油加糖打发同上，加入抹茶牛奶液拌匀。此时上一层慕斯应该已经基本固定了，倒入第二层，放回冰箱冷藏至凝固。切开，即食。

3. 风味特点

口感细腻，清甜可口。

图 7-6 抹茶红豆慕斯

4. 技术关键

(1) 胶片和牛奶加热时一定要用小火，以免出现焦煳现象。

(2) 膏料倒入模具后要完全排除空气，否则制品切出来时，内部有孔洞，影响美观。

(二) 水果慕斯 (如图7-7所示)

1. 原料

细砂糖80克，蛋黄2个，香草精1克，吉利丁4片，鲜奶350克，打发鲜奶油500克，水蜜桃2片，奇异果1粒，糖渍红樱桃5粒，香草戚风蛋糕2片。

2. 制作过程

(1) 将细砂糖、蛋黄、香草精放入钢盆中拌匀。

(2) 将吉利丁泡水至软化，放入做法 (1) 中的钢盆内，再续将鲜奶煮开倒入拌匀至所有材料溶化。

(3) 将钢盆隔冰水降温至约10℃ (手摸起来有冰凉的感觉)，加入打发的鲜奶油轻轻拌匀。

(4) 将所有水果切成丁，放入做法 (1) 盆中拌匀。

(5) 8寸蛋糕模型放入1片香草戚风蛋糕为底，倒入适量奶油，再放入1片香草戚风蛋糕，倒入剩余的奶油，抹平后放入冰箱冷冻至少约2小时，取出切块即可。

图7-7 水果慕斯

3. 风味特点

口感细嫩，果香浓郁。

4. 技术关键

吉利丁片化开后一定要凉透以后再与鲜奶油混合。

（三）卡布奇诺（如图7-8所示）

1. 原料

（1）蛋糕胚：鸡蛋2个，白糖45克，橄榄油18克，牛奶18克，低粉34克，白醋适量。

（2）慕斯馅：淡奶油215克，好时草莓酱30～50克，吉利丁片10克。卡布奇诺咖啡2包，巧克力酱适量。

2. 制作过程

（1）蛋糕胚：

①蛋黄蛋清分离，蛋黄加10克白糖搅打至发白后，分别加入橄榄油和牛奶，拌匀，放入低粉，搅拌均匀备用。

②蛋清中加几滴白醋，与35克白糖打至硬性发泡。

③取少量打发蛋白与蛋黄糊混合拌匀后倒入蛋白糊中，切拌均匀。

④烤箱预热150℃，烤盘内垫油纸，倒入面糊，用刮刀刮平，烘培12分钟左右即可。

⑤撕去油纸，放凉，切与模具等长等宽的戚风条，压扁，备用。

（2）慕斯馅：

①吉利丁片用冷水泡软后取出，加入少量牛奶，隔水加热溶化备用。

②淡奶油打至六七分发，取一半的量和草莓酱混合拌匀后，加入吉利丁，倒入模具中，取与模具半宽等长的戚风条轻轻放入，放入冰箱冷冻片刻。

③将卡布奇诺馅填入已稍稍成型的草莓馅之中，再铺上与模具等宽等长的戚风条，入冰箱冷藏过夜。

④吹风机吹热模具边缘，脱模即可。

图7-8 卡布奇诺

3. 风味特点

巧克力味道浓醇，口感滑嫩。

4. 技术关键

掌握好原料的配比和投料顺序。

思考题

1. 什么叫做果冻？
2. 果冻的成型方法是什么？
3. 简述果冻的调制过程。
4. 果冻在成型时的注意事项有哪些？
5. 简述果冻的定型方法。

第八章　西点装饰

教学目标与要求

掌握巧克力、糖泥、水果装饰的制作工艺。

重　点

掌握巧克力、糖泥、水果装饰的制作工艺。

难　点

掌握巧克力、糖泥、水果装饰的制作工艺。

第一节　巧克力装饰

巧克力，是Chocolate的中文译名，也称为朱古力，是将可可经过发酵、晾干、烘烤、研磨，提炼出糊状物的可可奶油，冷却后的硬块即为巧克力。

最早出现的巧克力，起源于墨西哥地区古代印第安人的一种含可可的食物，味道苦而辣。1526年，西班牙探险家科尔特斯将其带回西班牙，献给当时的国王，使欧洲人视它为迷药，掀起一股狂潮。后来大约在16世纪，西班牙人让巧克力甜起来，他们将可可粉及香料拌和在蔗汁中，成了香甜饮料。1828年，由荷兰的万·豪顿（Van Houten）想到将其脂肪除去2/3，做成容易饮用的可可饮料。到了1876年，一位名叫彼得的瑞士人别出心裁，在上述饮料中再掺入一些牛奶，这才完成了现代巧克力创制的全过程。不久之后，有人想到，将液体巧克力加以脱水浓缩成一块块便于携带和保存的巧克力糖。

一、巧克力的特性

(一) 缓解情绪，缓解压力

巧克力能提高大脑内一种叫“塞洛托宁”的化学物质的水平。它能给人带来安宁的感觉，更好地消除紧张情绪，起到缓解压力的作用。

（二）集中注意力、加强记忆力和提高智力

（三）抗氧化，延缓衰老

巧克力是抗氧化食品，对延缓衰老有一定功效。

（四）防治心血管疾病

巧克力有利于控制胆固醇的含量，保持毛细血管的弹性，具有防治心血管循环疾病作用。

（五）增强免疫力，预防癌症

巧克力有利于增强人体的免疫力，具有一定预防癌症的功效。

（六）缓解腹泻

黑巧克力的可可含量为50%～90%，可可富含一种叫类黄酮的多酚成分，能抑制肠道内蛋白质、氯离子以及水分的吸收，从而达到减少水分流失、防止人因腹泻而脱水的功效。

（七）预防感冒

英国伦敦大学的研究显示，巧克力的香甜气味能够降低患感冒的概率。巧克力所含的可可碱有益神经系统健康，止咳功效胜于普通的感冒药。

（八）平稳血糖

意大利一项研究发现，健康人吃黑巧克力连续 15 天，每天 100 克，对胰岛素的敏感性有所增强。医生们估计，黑巧克力对糖尿病患者可能有一定的帮助。最新一项研究还发现，黑巧克力中的黄烷醇能起到平稳血糖的作用。

二、巧克力制品的种类

（一）无味巧克力

无味巧克力（Taste of Chocolate）的可可脂含量较高，一般为50%左右，质地很硬，作为半成品制作巧克力时，需要加入较多的稀释剂。如制作巧克力馅、榛子酱等西点馅料时，一般用较软的油脂或淡奶油稀释。

（二）可可脂

可可脂（Cocoa Butter）是从可可豆里榨出的油料，是巧克力中的凝固剂，它的含量值决定了巧克力品质的高低。可可脂的熔点较高，为 28°C 左右，常温下呈固态，主要用于制作巧克力和稀释较浓或较干燥的巧克力制品，如榛子酱和巧克力馅等，它能起到稀释和增加光亮的作用。此外，由于可可脂是巧克力中的凝固剂，因此，对于可可脂含量较低的巧克力可以加入适量的可可脂，增加巧克力的黏稠度，提高其脱模后的光亮效果和质感。

（三）牛奶巧克力

牛奶巧克力（Milk Chocolate）的原料包括可可制品（可可液块、可可粉、可可脂）、乳制品、糖粉、香料和表面活性剂等，含至少 10%的可可浆和至少 12%的乳质。牛奶巧克力用途很广泛，可以用做蛋糕夹心、淋面、挤字或脱模造型等。

牛奶巧克力最初是瑞士人发明的，而且一度是瑞士的专利产品，直到现在。世界上最好的牛奶巧克力可分为两大类：在欧洲，继彼特和耐斯特之后，大多数制造商也使用炼乳作为配料；而在美国和英国，则用奶粉和糖的混合物作为配料。后者利用了糖的吸湿性自行干燥，并由于混合奶粉中的酶活力的作用而产生一种干酪般的味道。

（四）白巧克力

白巧克力（White Chocolate）所含的成分与牛奶巧克力基本相同，它包括糖、可可脂、固体牛奶和香料，不含可可粉，所以呈现白色。这种巧克力仅有可可的香味，口感和一般巧克力不同，而且乳制品和糖分的含量相对较大，甜度较高。白巧克力大多用做糖衣，也可用于挤字、做馅及蛋糕装饰。

（五）黑巧克力

黑巧克力（Dark Chocolate）的硬度较大，可可脂含量较高。根据可可脂含量的不同，黑巧克力又有不同的级别，如软质黑巧克力，可可脂含量32%～34%；淋面用的硬质巧克力可可脂含量38%～40%；超硬质巧克力可可脂含量38%～55%，不仅营养价值高，也便于脱模和操作。黑巧克力在点心加工中用途最广，如巧克力夹心、淋面、挤字、各种装饰、各种脱模造型、蛋糕坯子、巧克力面包和巧克力饼干等。

（六）可可粉

可可粉（Cocoa Powder）是巧克力制品的常用原料，可可脂含量较低，一般为20%，可分为无味可可粉和甜味可可粉两种，无味可可粉可与面粉混合制作蛋糕、面包、饼干，还可以与黄油一起调制巧克力奶油膏。甜可可粉多用于夹心巧克力、热饮或筛在蛋糕表面做装饰。

三、巧克力的使用方法

（一）巧克力的溶解

1. 直接溶解法

直接溶解可用隔热水溶解、微波炉熔解和用巧克力专用熔化炉溶解。

（1）隔热水溶解：热水的温度在60℃左右最佳。将切碎的巧克力放在已擦干水的容器里，然后将该容器放在热水里。当巧克力变成液状时，用一长柄的小匙按顺时针方向搅拌。

隔热水溶解的要点有：①注意不要让容器进水，否则巧克力会越搅越硬。②要按同一个方向搅拌，这样可以避免巧克力内进入空气而产生气泡。③多搅拌会加快巧克力的溶解和令巧克力更软滑细腻，光泽度更好。④热水的温度在60℃为最佳，太高的温度会令巧克力油质分离。

（2）微波炉溶解：将切成碎块的巧克力放入容器中，然后放入微波炉，用中火熔解2分钟左右，然后拿出来用长柄的小匙顺时针搅拌。

微波炉溶解的要点有：①容器必须是无水的，而且不能用不锈钢等微波炉不适用容器。②要按同一个方向搅拌，这样可以避免巧克力内进入空气而产生气泡。③长时间搅拌会加快巧克力的溶解速度使巧克力更软滑细腻，光泽度好。④尽量避免一次在微波炉中的时间过长，宁愿分开次数来加热。

(3) 巧克力专用熔化炉溶解：将切碎的巧克力放在已擦干水的巧克力专用熔化炉容器里，将温度调到 60℃，然后按上述的方法搅拌即可。

2. 后加热溶解法

当我们前一次做出来的巧克力成品用不完又不想浪费时，便可将这些留到下次使用。方法是：将这些成品完全溶化后，再用保鲜膜包好或加盖盖好。溶解时的水温不要过高，否则会令巧克力的表面上有一层白膜。

(二) 巧克力的调温方法

巧克力在用以上的方法完全溶解后，此时，巧克力的温度大概在 40℃或以上，质地软滑，不适用来铲花、铲卷、吊线，要经过调温后才适合，最好将温度调到 32℃左右。

调温有两个方法：①将已溶解的巧克力中加入细碎的巧克力（分量约为已溶解的巧克力的 1/5），然后按顺时针方向搅拌，待巧克力全部溶解后整体温度就会下降，质地也会由稀变稠，用来铲花、铲卷时抹在案板上就会厚薄适中，吊线时不会散开，且线条较细。②从已溶解的巧克力中倒出一半或 1/3 在案板上，用铲刀拌几下，待巧克力开始有些变稠时，再铲回原来的容器中，再用小匙顺时针方向搅拌，这样很快就把巧克力的温度降下来。

巧克力调温时的要点有：①硬质巧克力应用在冰激凌的产品时，必先将巧克力块切碎并放入干燥的容器中，以隔水加热方法使巧克力溶化成液体使用。在溶化的过程中不断搅动外，其水温以不超过 80℃为佳，因为巧克力含有大量油脂和糖，若无搅动或温度过高，容易使巧克力体质分离产生变化，成型粗糙而影响光泽，因此要不断搅动至巧克力溶化为止。巧克力溶化后的温度以巧克力溶点度加 5℃为佳，有的巧克力未标示溶点度，只好用 80℃的隔水溶化为准，原则上是使巧克力溶化的温度越低越好。②巧克力在溶化过程中，不得掺入水或牛奶，有的巧克力因为溶点高或者使用的油脂不同，很难溶化成液态，这种情况可用沙拉油作调节至呈稀释状态，但过多的沙拉油会影响巧克力的凝固力，少量的沙拉油更有助于巧克力光泽作用。如果将水分渗在巧克力内，不但不能使巧克力达到稀释状态，反而会使巧克力形成黏土状态。这是因为巧克力内的糖会产生吸湿作用的结果。

四、巧克力的制作实例

(一) 巧克力克壳（如图 8-1 所示）

1. 制作过程

(1) 准备冰块及调温后的巧克力。

(2) 将冰块蘸上巧克力。

(3) 巧克力干后取出冰块，填充上奶油或巧克力酱等填充物进行装饰。

2. 要点

配提拉米苏（Tiramisu）味道更佳，冰块表面不能有水。

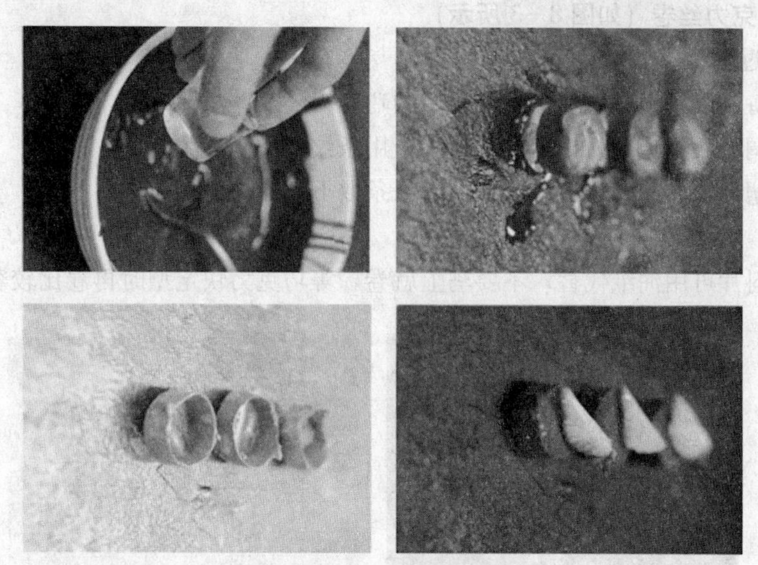

图 8-1 巧克力克壳制作过程

(二) 巧克力片 (如图 8-2 所示)

1. 制作过程

(1) 准备调温后的巧克力、油纸及刷子。

(2) 将调温后的巧克力用刷子刷在油纸上，待巧克力定型后取下。

(3) 可做蛋糕围边。

2. 要点

巧克力刷的面积不宜过大，面积过大使形态不美观。

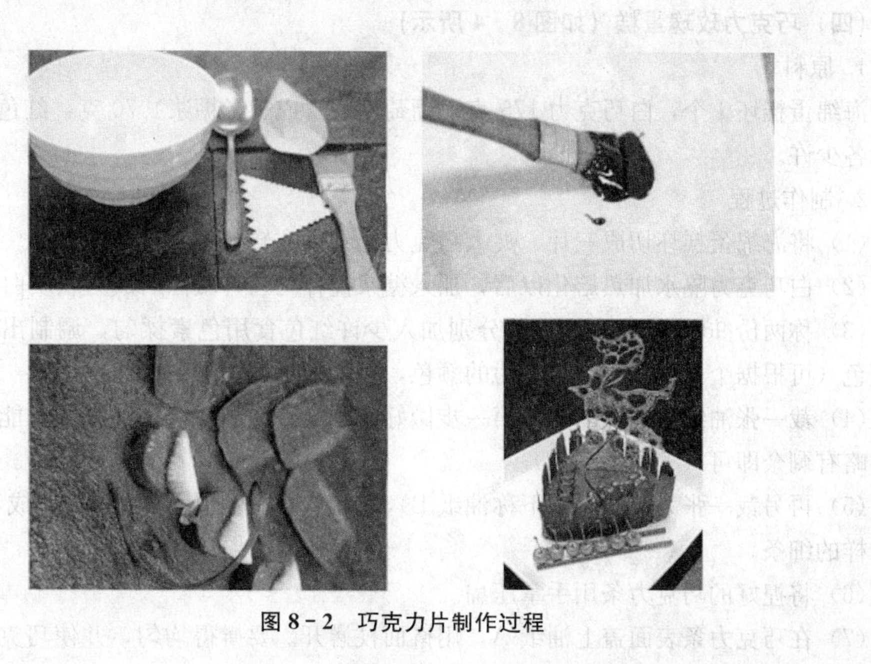

图 8-2 巧克力片制作过程

(三) 巧克力丝卷 (如图 8-3 所示)

1. 制作过程

(1) 准备条纹刮板、塑料片及调温后的巧克力。

(2) 将调温后的巧克力抹在塑料片上，用条纹刮板刮出纹路。

(3) 将塑料片卷起，巧克力定型后一条条取下巧克力丝卷。

2. 要点

没有塑料片可用油纸代替，不要马上就卷，等巧克力快定型时再卷比较容易。

图 8-3　巧克力卷制作过程

(四) 巧克力玫瑰蛋糕 (如图 8-4 所示)

1. 原料

海绵蛋糕坯 1 个，白巧克力 175 克，葡萄糖浆（或玉米糖浆）70 克，红色、绿色食用色素各少许。

2. 制作过程

(1) 将海绵蛋糕坯切成三片，夹入巧克力奶油放在转台中间。

(2) 白巧克力隔水加热熔化以后，加入糖浆搅拌均匀，凝固后成为软质白巧克力。

(3) 称两份 90 克的白巧克力，分别加入少许红色食用色素揉匀，调制出一深一浅两种颜色（可根据个人喜好调节巧克力的颜色，色素加得越多颜色越深)。

(4) 裁一张油纸，油纸的宽比第一步做好的蛋糕坯稍高一些，油纸的长能绕蛋糕坯一周并略有剩余即可（下称油纸 A)。

(5) 再另裁一张大的油纸（下称油纸 B)，把颜色浅的巧克力小心地捏成和油纸 A 长度一样的细条。

(6) 将捏好的巧克力条用手掌压扁。

(7) 在巧克力条表面盖上油纸 A，用擀面杖擀开。要擀得均匀，并使巧克力尽量贴合

图 8-4 巧克力玫瑰蛋糕

油纸 A 的形状。

（8）擀好后，用刮板把擀出油纸 A 边缘的巧克力去掉。

（9）完成后，得到如图 8-5（9）所示的长条巧克力片。

（10）撕掉油纸 B，将巧克力条围在蛋糕上，粘着油纸 A 的一面朝外（可以在蛋糕坯外侧均匀涂上一层杏子酱，使巧克力能更牢固地粘在蛋糕上）。

（11）用剪刀把高出蛋糕的巧克力剪掉，使巧克力上沿与蛋糕顶面齐平。

（12）撕掉油纸 A。

（13）把另一份颜色深一些的巧克力夹在两张油纸中间，用擀面杖擀开成为一个大圆饼。

（14）撕掉上层的油纸，用一个 8 英寸蛋糕圆模的活底托扣在擀开的巧克力上，用小刀裁出一个 8 英寸直径的圆圈。

（15）用一个小裱花嘴的底部，在圆圈周边切出波浪形的花纹。

（16）将巧克力圆片倒扣在蛋糕上，有油纸的一面朝上。

（17）将油纸撕去，把超出蛋糕坯的巧克力往下按，平稳地贴在蛋糕侧面。

（18）接着制作表面装饰的玫瑰花。要制作出玫瑰花的颜色渐变效果，需要根据加入红色食用色素的量，将巧克力调成由深至浅的三种颜色。

（19）根据手工巧克力花的制作方法制作卷边玫瑰花。制作的时候，颜色较深的花瓣在里，越往外花瓣的颜色越浅。

（20）用绿色食用色素调制一小份巧克力制作叶子。将巧克力擀薄，用剪刀剪出叶子形状，并用牙签或其他工具画出叶脉的纹路（或用叶子模具压出纹路）。将花和叶子装饰在蛋糕表面。

（21）装饰蛋糕的侧面。把剩余的浅色巧克力擀开，用小的圆孔裱花嘴压出一些小圆片。把小圆盘如图均匀的装饰在蛋糕的侧面。

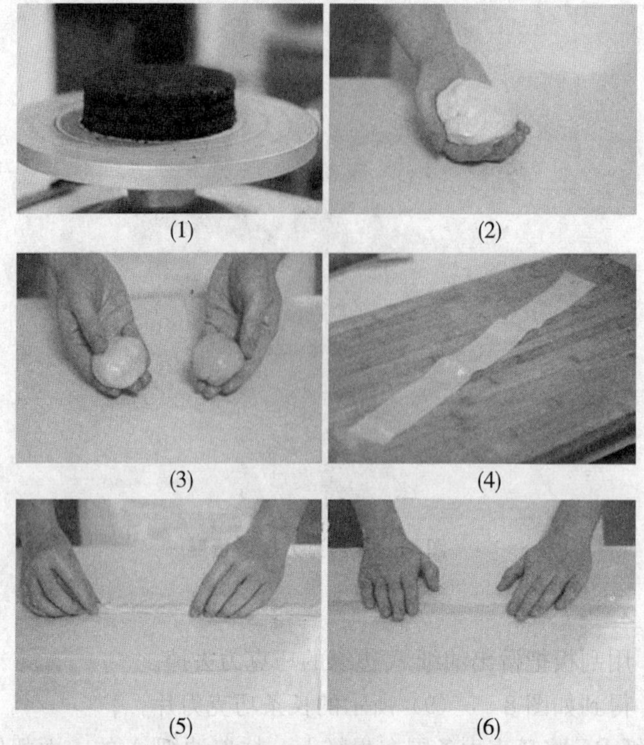

(1) (2) (3) (4) (5) (6)

图 8-5 巧克力玫瑰蛋糕制作过程（1）～（6）

(7) (8) (9) (10) (11) (12)

图 8-6 巧克力玫瑰蛋糕制作过程（7）～（12）

(13) (14)

(15) (16)

(17) (18)

图 8-7 巧克力玫瑰蛋糕制作过程（13）～（18）

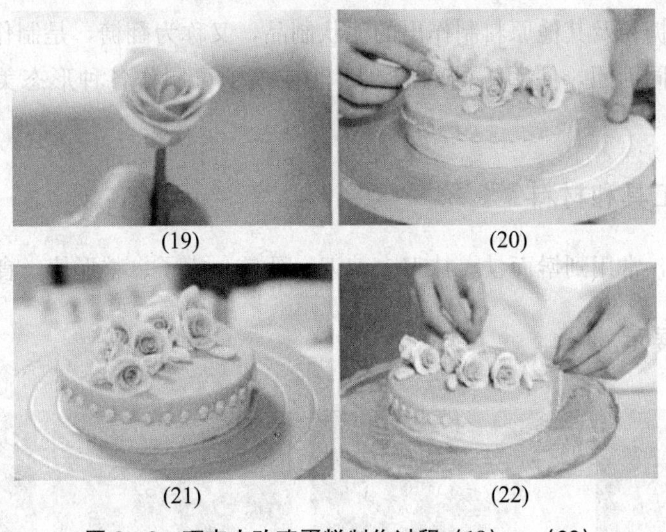

(19) (20)

(21) (22)

图 8-8 巧克力玫瑰蛋糕制作过程（19）～（22）

（22）将蛋糕从裱花台移到蛋糕托盘上。用剩余的颜色稍深的巧克力（与顶面的巧克力颜色一致）小心地搓成细条，围绕在蛋糕的底部（这一步一定要将蛋糕移到托盘里再进行，巧克力搓成细条要非常小心，并控制巧克力的温度，否则会熔化或断裂）。在细条上用牙签或其他工具压出一些印痕作为装饰，整个蛋糕的装饰就完成了。

3. 要点

（1）用软巧克力进行蛋糕装饰的应用性很广泛，大部分蛋糕都可以使用软巧克力装饰，包括海绵蛋糕、布朗尼等（戚风蛋糕因为太柔软，承重力不够容易变形，因而不适合用巧克力装饰）。巧克力装饰的难点在于控制巧克力的温度，只有当巧克力拥有合适的软硬程度，才能顺利并光滑的擀开。

（2）巧克力花的装饰可以不拘泥于形式。不同形状的花朵、不同的摆放方式会有不同的效果。

（3）蛋糕的整体颜色要比较统一，出来的效果才漂亮。加食用色素的时候，可以很少量地一点点地添加，直到达到心中想要的效果。

（4）制作蛋糕侧面和顶面的覆面，都需要把巧克力擀开。这时候用刚刚凝固的巧克力效果最好，因为巧克力足够柔软，才能光滑的擀薄，如果巧克力太硬，则较难擀开，擀开还会因为油纸而出现粗糙的印痕。而如果需要将巧克力捏成底部装饰的细条，则巧克力要硬一些才好，否则会容易捏断或熔化。

第二节　糖泥装饰

一、糖泥的概念

糖泥，是用糖粉及其他原料制作出的泥状制品，又称为翻糖，是制作翻糖蛋糕的主要原料。其质地如同面团，使用不同的成型手法或模子可制作各种形态美观、造型逼真的图形。

二、常用工具和材料

制作糖泥时，常用到擀面杖、抹刀、剪刀、牙签、模子、整形棒、食用色素等。

三、图片展示

图 8-9　糖泥装饰

第三节　水果装饰

一、水果装饰的概念

水果装饰，是指将各种水果雕切成各种形状，根据各种水果的不同色泽进行组装，最后刷上一层果胶，然后用于各种蛋糕、甜点的装饰。这种装饰方法简单、好看，其成品具有较高的营养价值。

二、水果装饰的种类

（一）罐装水果

水果无果皮类，加有食用色素，果肉色泽鲜艳，滋味甜香。水果质地柔软，果肉块小，影响切制成型。

（二）新鲜水果

水果有果皮类，果肉色泽鲜艳、营养丰富，个别滋味微酸、带涩。水果质地结实，易于切制成型。切制好的水果必须经淡盐水浸泡。

三、常用工具

制作水果装饰物的常用工具有水果刀、锯齿刀、槽刀、雕刀、挖球勺、塑料菜板等。

四、图片展示

图 8-10　水果装饰

思考题

1. 巧克力的种类有哪些？
2. 巧克力的熔解方法有哪些？
3. 巧克力的调温方法是什么？
4. 什么叫糖泥装饰？
5. 水果装饰的概念是什么？
6. 水果装饰的种类有哪些？
7. 制作糖泥装饰蛋糕常用的工具有哪些？

参考文献

[1] 王小强，马庆文. 图解蛋糕西饼制作技术 [M]. 北京：中国物资出版社，2010.
[2] 钟志惠. 西点生产技术大全 [M]. 北京：化学工业出版社，2012.
[3] 梁志杨. 西式面点技术 [M]. 北京：中国劳动社会保障出版社，2007.
[4] 陈怡君. 西式面点制作教与学 [M]. 北京：旅游教育出版社，2008.
[5] 钟志惠. 西点制作工艺 [M]. 上海：上海交通大学出版社，2011.
[6] 陈洪华，李祥睿. 西点制作教程 [M]. 北京：中国轻工业出版社，2012.
[7] 韦恩·吉斯伦. 专业烘焙 [M]. 大连：大连理工大学出版社，2004.